国土空间规划政策与技术研究丛书

"规土融合"
——从技术创新走向制度创新

冯 健 等著

中国建筑工业出版社

图书在版编目 (CIP) 数据

规土融合：从技术创新走向制度创新 / 冯健等著
. —北京：中国建筑工业出版社，2020.10
（国土空间规划政策与技术研究丛书）
ISBN 978-7-112-25275-6

Ⅰ. ①规…　Ⅱ. ①冯…　Ⅲ. ①城乡规划—研究—中国
②土地管理—研究—中国　Ⅳ. ① TU984.2 ② F321.1

中国版本图书馆 CIP 数据核字（2020）第 115972 号

责任编辑：李　东　陈夕涛　徐昌强
责任校对：李美娜

国土空间规划政策与技术研究丛书
"规土融合"——从技术创新走向制度创新
冯　健　等著

*

中国建筑工业出版社出版、发行（北京海淀三里河路 9 号）

各地新华书店、建筑书店经销

逸品书装设计制版

北京中科印刷有限公司印刷

*

开本：787 毫米 × 1092 毫米　1/16　印张：12¾　字数：225 千字
2021 年 1 月第一版　　2021 年 1 月第一次印刷
定价：**50.00** 元
ISBN 978-7-112-25275-6
（36057）

内容简介

　　"规土融合"，即土地利用规划和城乡规划之间的融合，是"多规合一"中最关键的环节。以武汉为代表的一批中国大城市为之开展了数十年的规划实践探索，代表了中国城市在市场转型期、行政管理体制处于变革的适应期以及"多头规划"管理模式背景下的一段历史。着眼于"规划史"的角度，从学理层面来研究"规土融合"及这一段历史，不仅有规划史学意义，对于"规划协调"理论的发展以及对于新时期国土空间规划工作的开展也具有一定的借鉴意义。在本书理论篇，对规划协调理论的研究进展进行了综述和评价，进而从空间政治经济学和行为主体博弈的视角，侧重从学理层面对我国"规土关系"演变进程和对历史时期"规—土"核心矛盾的形成机制进行了探讨；在实践篇，结合武汉的规划实践，从"规土融合"实践创新的内容体系、空间规划改革和土地管理响应等方面开展了系统分析，最后对探讨了未来发展趋势以及制度创新的需求和途径。

序一

冯健博士邀我为他的新书写一个序言，并且说不用太长。我俩是同门师兄弟，都是周一星老师的学生，他的治学认真是出了名的，所以，没容他多说，我便一口应承下来。

拿到书稿翻看目录，完全被本书的内容吸引住了。但是，接下来年底前后接连不断的出差，还有各种事务缠身，却让我读完这本书变得很困难。候机室或飞行途中成了最重要的阅读时间，也让思绪变得很零碎。于是，索性记下一些零碎的想法，权且交个差。

这本书和很多其他著作一样，源于某个研究课题，作为研究成果加以编辑加工，便成为一部学术著作了。但它又与很多其他研究不同，不只在于选题的现实意义（这或许更多应该归功于项目委托方武汉市），而在于作者把这样一个貌似热闹的工作选题，变成了一个严谨的科学选题，而且做出了足以让某些基金项目或省部级课题汗颜的成果。

现实生活中经常有这样的现象，因为领导重视了某项工作，这项工作忽然间变得意义非凡，不仅有的行政领导自诩为科学家，以为推进某项工作，就具有多大的学术价值，有的专家也热衷于论证"领导重视"的科学性。其实，工作推进有其自己的逻辑，并非所有的行政工作都是具有学术价值的活动。无论是政策制定、政策实施还是政策评估，首先取决于一时一地的社会诉求，只有当社会上千奇百怪的问题真正上升为所谓的"公共政策问题"时，"领导重视"，也就是列入政策议程，才变得合乎逻辑。因此，推进某项工作，与其说是一项学术意义的活动，还不如说是行政部门基于管理科学的原理采取的选择与决策行为。这从一个侧面反映了学术研究的前瞻性具有十分重要的价值。

本书的研究没有论证委托方的英明，精彩之处在于它从学术的层面，对一项具体工作进行了系统的剖析，从而达到以小见大，管窥整个规划体制的效果，这在某种程度上是一个费力不讨好的做法。但是，它折射出的学术价值却是巨大的，它把某个具体案例城市的工作要求，放大到体制机制建设的学术研究层面，进而得出了一系列具有开拓性的结论。这是一种不同于一般工作安排的做法，我姑且称之为"研究型工作方式"：把一个普普通通的委托项目，作为一项研究课题花功夫。因而也就决定了其成果不仅满足了甲方委托的要求，而且成为具有一定普遍价值的研究结论。这当然首先取决于作者的学术素养和敏锐的学术洞察力，另一方面，更在于研究团队对于规土关系、规土矛盾、规土融合等核心话题多年的研究积累，以及抽丝剥茧版的政策科学分析。可以说，这是迄今为止在这个领域最为客观和深入的研究成果，读者从中可以探寻到政府规划相互矛盾的历史背景、制度原因和政策机制，在此不再啰唆。

作者没有逃出理论构建—实证分析，国际经验—本土实践的窠臼，而是游刃有余地运用这一基本的学术范式，对大家耳熟能详的规土融合问题进行了可谓入木三分的客观分析。理论构建和国际经验的分析对于本项目的实际意义是显而易见的，然而，更大的价值或许在于"研究型工作方式"所必须的逻辑框架。这种价值至少体现在几个方面：

首先，必须把甲方的诉求，上升到一般的理论高度，从中挖掘甲方诉求的科学蕴涵，或需要研究的核心科学问题是什么？有关规土融合的研究可谓由来已久，尤其是像武汉这样早已实现了城市规划与土地管理在行政机构设置上合一的城市而言，仅停留在工作重点、技术标准等方面进行探讨，显然不能为甲方提供理论支撑，必须从体制机制更深入的层面加以剖析，从制度创新的角度寻求突破。

其次，必须界定破解这种科学问题所必须的知识体系。这一知识体系早已超出了传统的城市规划、土地利用规划的知识范畴，常规的公共管理学恐怕也难以提供令人信服的理论诠释，诉诸空间政治经济学，是作者作出的重要选择，在当今中国工业化、城镇化的宏观背景下，运用空间政治经济学的思维，对于空间、空间生产、空间规划等关键问题进行全新观察，进而从制度变迁的角度提出规划体制改革的基本逻辑，是这本著作有别于一般规土融合或多规合一论述的重要特色。

最后，国际经验作为一种制度层面创新思维的宏观背景，可以为变革的合理性提供借鉴和支撑。作者列举了日本、美国和英国的具体案例，对这几个国家的法律体系、机构设置，尤其是空间管控手段进行了扼要的介绍，从中可以体会到文献综述的浓厚痕迹，不过，作者梳理出了这三个国家他认为最具参考价值的要点，这些无疑为本书的学术价值增色不少。

本书一个最大的特色在于作者对于关键科学问题的把握能力。讨论制度层面的规土融合问题，不仅涉及这一问题的历史由来，还涉及这一制度安排背后的利益格局分析，更困难的在于提供制度创新的思路，而这一切又是置于中国大的政治环境与城镇化进程中的矛盾漩涡，以及政府与市场的关系、央地关系、部门分权与集中统一的关系等重大关系的层面，作者通过一系列简约的框图，对于其观察到的相关现象，进行了多个层面的归纳与思考，使得"读图"成为阅读本书最精彩的环节，从中也能够体会到作者早已超越了对于现象的观察，进入到对于事物本质的探究。

当然，作为一个面向应用的研究成果，作者并没有试图在一系列框图之上走向纯理论的推导和演绎，而是把握住这项工作的"实践"价值，通过对武汉实践较为系统的分析，以及对湖州、上海和成都等城市的介绍，为这一热门话题提供了一个客观第三方的立场和相对理性的视角。尤其值得称道的是，作者还针对当前城市发展转型阶段，从增量为主，转向存量土地和空间的有效利用为主，规划因而可能出现的从资源配置，向空间资产管理角色的转变进行了分析，这些无疑对目前正在进行规土融合或多规合一探索的城市而言，是极具参考价值的。此外，散布书中的诸多精彩论述也令我有眼前一亮的开阔感，在此不再一一赘述，留待读者体验。

以上随感，是为序。

石楠

2017 年 1 月 2 日

009

序一

FOREWORD

序二

城市的各种发展理想，最终都需要通过用地空间来落实。为引导城市合理建设、强化国土资源管理、实现美好发展蓝图，各市政府通常都设有城市规划和国土资源管理部门，并根据工作需要或按上级要求分别组织编制城市总体规划（简称：城规）和土地利用总体规划（简称：土规），这两项规划均对城市用地空间进行界定和安排，是城市开发建设的管理和决策依据。在我国20世纪80年代末、90年代初城市大规模建设之前，城规与土规之间本有着城市建设区内外之别、分界管理，但随着城市大规模建设活动的开展，城市实际建设区的迅速扩张，城规与土规之间的界线逐渐淡化、两项规划的内容及管理范围逐渐重叠，两项原本各有所求、自成体系的规划，开始显现出相互之间缺乏衔接甚至出现内容冲突，从而造成投资建设者不知依何规划而建、违法建设者则可从矛盾中找到借口，其结果对城市乃至地区发展建设都会造成不良影响甚至破坏。"规土融合"成为众望所归，也应该是规划、国土行业及部门争取达到的目标。但如何使"规土融合"真正落实到实际工作中，则需要做大量工作，因为这两项规划毕竟源自政府不同的管理部门，两者之间不仅目的、任务及应用各不相同，上级要求、用地分类及技术规范也有所不同，甚至还涉及管理权限的调配，规划国土管理部门及单位之间若不能在技术上达成共识、在机制上统筹协调，所谓"规土融合"则多流于形式及宣传，而不能真正发挥作用。

武汉市20世纪80年代末城市规划和土地管理行政管理体制合二为一，成立武汉国土资源和规划局，为城市规划和土地利用规划"两规合一"提供了良好的条件；而90年代中下旬，武汉国土资源和规划局的同一个规划编制专班先后完成武汉市城市总体规划和土地利用总体规划，更是为"两规合一"创造了直接研

「规土融合」——从技术创新走向制度创新

究探索的实践机会。正是在编制过程中，及时发现了城市规划与土地利用规划两个原本工作范围界线清晰、编制技术基础和关注重点不同的规划，但随着城市的快速发展已有大量规划用地交叉重叠，特别是土地利用规划原本只需要考虑农田增减、利用，如今还得考虑如何真正保护基本农田、妥善处理其与城市发展建设的关系，尤其是要深入研究处理城规与土规实际对接中所存在的工作交叉障碍，及时协调两个规划间用地分类、标准、规模和布局，全面统筹协调空间资源调控要求。为此，规划编制专班一方面按照土地部门的要求，研究确定土地利用控制标准及城市人口和建设用地规模，并结合已有城市总体规划布局编制土地利用总体规划；另一方面则结合土规编制过程中所发现的矛盾及相关部委反馈的意见对已上报待批的城市总体规划进行修改完善，形成了城市总体规划与土地利用总体规划相一致的建设用地规模及布局，两规统筹协调的这一举措使得两个规划先后报经省、市政府审核，同时获得国务院正式批复。这不仅满足了当时的城市发展需要，更为后续的土地和规划管理奠定了良好的工作基础，关键是为后来武汉市进一步探索"规土融合"奠定了坚实的技术基础。

迈入新世纪以后，武汉城镇空间逐步突破主城区界线、加快向市域空间拓展，城市各方面均面临了巨大挑战。为此，2004年，武汉市同时启动了2010版城市总体规划和土地总体规划的编制工作。为做好这一工作，武汉国土资源和规划局不仅组建了自己的城规、土规统一编制技术团队，而且还就规划编制过程中所涉及的重大问题，面向全国开展了广泛征集研究，一批国内外专家学者因此参与到武汉市的规划编制研究中来，通过"统一研究，相互衔接"的方式达成了许多共识。冯健教授正是通过人口规模研究而逐渐参与到武汉"规土融合"的研究中来，特别是他所率领的团队对武汉2010年和2020年规划的常住人口、城镇人口和城镇化率进行统一预测研究后，发现由于城市总规和土地利用总规关注重点不同，其人口与用地的对应关系也不同。经过研究后，市域建设用地规模按照土地利用规划测算方式确定，城镇建设用地规模则按照城市规划测算方式确定，从而形成了两规布局的共同依据，为统筹协调相关专项规划、避免空间布局矛盾创造了条件。

2010年，武汉市城规及土规先后获国务院正式批复。为更好地实施总体规划，武汉国土资源和规划局结合规划管理中的应用实践，按体系、分层次、有计划地又组织展开了一系列、全方位的规划编制研究工作。冯健教授不仅作为专家学者参与到规划编制研究课题中来，而且还入选武汉市政府创新岗位特聘专家、对武汉市土地利用和空间规划研究中心的创新团队进行指导。在他的指导下，武汉市土地利用和空间规划研究中心的创新团队完成了"规土融合"视角下特大城市土地节约集约利用评价与实践的研究，攻克了"规土融合"的技术创新难题；在指导过程中，冯健教授也通过与我们这些工作在一线实践的同志们交流和沟通，对我国及国外现状规划管理的制度有了更全面、更深入地了解，让他认识到要真正做到"规土融合"不仅需要技术创新、更需要制度创新，于是结合研究编写了这本书。

今天我有幸先看到这本书，由衷地感到高兴，这既说明我们所组织的规划编制研究结出了成果，也让更多的同志们能从中学到许多内容，关键是书中还对规划管理体制创新提出了一系列完善建议，将有助于今后相关管理体制的提升和完善，相信全国同行们真正阅后都会有同感。最后，想说的是对冯健教授又出佳作表示祝贺！

刘奇志

2017 年 3 月

『规土融合』——从技术创新走向制度创新

基于规划史视角的"规土融合"实践
及其学理研究意义

在进入 21 世纪以来的 20 年中，"多规合一"应该是最令人耳熟能详的、出现频率最高的有关中国城乡规划领域的词汇之一。"多规"的范畴包括了城市总体规划、土地利用总体规划、主体功能区规划、社会经济发展规划和生态环境保护规划等，其中，尤其以城市总体规划和土地利用总体规划之间的关系最为复杂，它们也是与城市空间发展和开发利用关系最为密切的两项规划（简称"规土"，二者的协调被称为"规土融合"），涉及一个地区或城市空间发展的"命脉"，也牵涉开发（发展）和限制（保护）这一对最为敏感的话题。因此，把"规""土"的关系协调好，就相当于解决了"多规合一"这一命题中最难处理的关系，可谓是"多规合一"中的重中之重。也正是因为这一层原因，包括武汉在内的很多城市很早就开始探索"规土融合"实践，并积累了宝贵的经验。如武汉早在 20 世纪 80 年代就将城市规划和土地管理的行政管理体制合二为一，成立武汉市国土资源和规划局，在行政体制上为"规土融合"扫除了障碍，并一直走在全国探索"规土融合"的规划阵地前沿。

然而，土地利用规划和城市规划毕竟是两种截然不同的思维逻辑：前者是"以供定需"，后者是"以需定供"；前者强调限制，后者强调扩展；前者重指标轻布局，后者重布局轻指标；前者重全域，后者重城镇。最主要的是，长期以来二者分属于两个不同的部委（即国土资源部、住房和城乡建设部），也造成事权的不清晰以及各自独立的编制体系，而要做到"规土融合"，势必要在各种细节上促成两套规划编制过程、技术和成果的衔接，这显然存在极大的难度。尽管如此，以上海、武汉、深圳、广州、重庆、成都等为代表的一系列大城市纷纷开展了"规土融合""多规合一"的探索实践，2014 年多个部委联合推进"多规合一"

的试点工作，2016年国务院也明确提出要改革城市规划管理体制，加强城市总体规划和土地利用总体规划的衔接，鼓励有条件的城市探索城市规划管理和国土资源管理部门合一。在这场轰轰烈烈的"规土融合"的规划实践中，学术界也不甘落后，发表了大量的相关研究成果，使得"规划协调"成为城乡规划中的一个热门研究课题。我们想说的是，在这些大量的学术成果中，大多数学者是着眼于规划实践的角度进行总结或着眼于规划技术层面来开展研究，从建构理论的视角、从学理层面来研究"规土融合"的成果相对缺乏。这也是本书研究的立论基础之一。

值得指出的是，2018年3月国务院组成部门调整方案出台，这次机构改革方案最为醒目的举措是组建自然资源部。新组建的自然资源部，在原国土资源部、国家海洋局、国家测绘地理信息局职责的基础上，整合了国家发展和改革委员会的"组织编制主体功能区规划职责"、住房和城乡建设部的"城乡规划管理职责"、水利部的"水资源调查和确权登记管理职责"、农业部的"草原资源调查和确权登记管理职责"以及国家林业局的"森林、湿地等资源调查和确权登记管理职责"。从规划职能的角度来看，自然资源部的组建是构建新时代国土空间开发保护格局的重大举措，建立国土空间规划体系是其重要职责，也为"规土融合""多规合一"的推行在制度上尤其是行政管理体制上扫除了障碍，令"规划协调"领域的研究者们拍手称快，因为学术界呼吁多年的有关规划调协的行政管理体制调整问题竟然在一夕之间得以解决，而且解决得这么彻底，超出大多数人的预料。

在上述行政机构改革以后的两年来，有关"规土融合"的话题似乎归于沉寂，学术界开始广泛讨论新时期国土空间规划的编制工作以及国土空间规划体系的构建。有两点需要指出：其一，尽管新时期主体功能区规划、城乡规划和土地利用规划的"合一"已经扫除了行政管理体制障碍，但未来一段时间内仍然存在"多规合一"的问题，一方面，在新行政管理体制下，上述"三规"所涉及的各种要素如何在国土空间规划体系的框架下实现真正的"融合"，需要实践探索和技术研究；另一方面，国民经济和社会发展五年规划以及环境保护规划仍然从属于自然资源部以外的其他部委，未来一段时期内"多规合一"及其所涉及的部门之间的事权关系的话题仍然会被研究和讨论；其二，从城乡规划学科以及规划发展史的角度来看，近20年来中国规划界所探索的"规土融合"这一课题有其出现的现实背景，也有其理论研究价值，学术研究不应该完全跟着政策导向走，这段

"历史"有被研究、被回顾的价值。正是因为上述理由，才有了本书的出版。

本书的主要实证研究是结合武汉的"规土融合"实践来开展的。之所以选择武汉，一方面是因为武汉在"规土融合"实践方面一直走在全国的前列并积累了丰富的经验；另一方面，也因为我的学术生涯与武汉有着不解之缘。2004年，我参与北京大学周一星教授主持的"武汉城市总体发展战略规划研究"课题，并承担其中"人口专题部分"的研究。2005年，武汉市总体规划专题研究招标，邀请北京大学投标，我负责的"武汉市人口规模预测及人口构成分析"在激烈的竞争中中标，后来长达230页的报告赢得评审专家的好评以及武汉市规划研究院领导的首肯。2014年，我再度应邀开展武汉新一轮总规的人口专题研究，被邀的原因是武汉市规划研究院的同仁认为我10年前所预测的武汉人口非常准确。2017年，我再度应武汉市规划研究院的邀请开展"武汉市人口发展与人口战略研究"。同一个专家，对同一个城市，在十几年的时间内开展了四次城市规划人口专题研究和跟踪研究，也许是"前无古人"的事件，作为一个学者，这更是一件令人幸福和欣慰的事。在这十几年的时间中，我还参与了"武汉市土地节约集约利用评价与发展规划"的4次专题研究，以及武汉城市圈内的一些城市总体规划的专题研究，可谓是与武汉"交往甚密"。

2013年，我入选"武汉市创新岗位特聘专家计划"，任期3年，我的任务是对武汉市土地利用和城市空间规划研究中心的创新团队进行指导，攻克"规土融合"的技术难题。在2013—2016年间的三年中，我先后为武汉方面开展8次学术讲座和7次规划技术咨询服务，也把武汉的规划经验引入北京大学本科和研究生的课堂教学，围绕"规划协调""多规合一"等主题，两次在核心期刊上策划或主持研究专栏，发表与"规土融合"相关的论文多篇，产生一定的影响。在上述合作期间，武汉市土地利用和城市空间规划研究中心的创新团队也硕果累累，团队成员发表了多篇论文，出版了《"规土融合"视角下特大城市土地集约利用评价与实践》，并形成另外两部书稿，其取得的学术成果令人欣喜。

2013—2016年期间，我带领我的研究团队（核心成员有苏黎馨、李烨、钟奕纯和赵楠）及武汉市土地利用和城市空间规划研究中心的创新团队正式就武汉市规划中的"规土融合"问题展开全面调研和攻关研究。先后调查的部门及人员采访包括：武汉市国土资源和规划局及政策法规处、规划处、耕保处的领导，武汉市土地利用和城市空间规划研究中心的领导和规划师，武汉市规划研究院土规所、武汉市规划编制研究和展示中心的领导和同仁。调查内容涉及武汉市规划中

"规土融合"的政策法保障、管理体制配套，"规土融合"的发展过程，"规土融合"的具体技术环节和技术创新及其存在的问题，"规土融合"一张图的平台建设，"规土融合"的制度创新前景与展望等。各位领导及同仁对我们的调研给予热情的接待和无私的帮助，在此对他们表示衷心的感谢！正是基于这些调查研究，形成初步研究报告《"规土融合"：从技术创新走向制度创新》，构成了本书的核心内容。本书还包括了我的科研团队所完成和发表的一些学术成果，具体如下：

冯健，苏黎馨.多规融合的理论与实践探讨——基于政治经济学视角的"规土融合"[J].现代城市研究，2015，29（5）：1-13.

冯健，李烨.我国规划协调理论研究进展与展望[J].地域研究与开发，2016，35（6）：77-82，115.

冯健，苏黎馨.城规与土规互动关系演进机制及融合策略研究——基于行为主体博弈分析[J].地域研究与开发，2016，35（6）：83-88.

冯健，钟奕纯.乡镇级"规土融合"实现路径与技术创新——基于武汉乡镇总体规划实践的探讨[J].地域研究与开发，2016，35（6）：108-115.

苏黎馨，冯健."规土融合"的技术体系、管理模式创新及发展展望——以武汉市为例[J].地域研究与开发，2016，35（6）：96-102，128.

李烨，冯健.规划管理与部门协调的国际经验及其启示[J].地域研究与开发，2016，35（6）：89-95.

『规土融合』——从技术创新走向制度创新

值得指出的是，当年所完成的研究报告《"规土融合"：从技术创新走向制度创新》，可以认为它是一个课题研究成果（如石楠先生的序中所言），因为"规土融合"的确是我和武汉市土地利用和城市空间规划研究中心的创新团队所瞄准的要攻克的技术难题，而且创新团队已经超额完成了上述技术难题，出版了系列专著；但也可以认为它不是一个由甲方所委托的研究成果，因为它没有委托方，也不在武汉市对创新岗位特聘专家所要求的硬性任务之内，之所以形成这部书稿完全是出于研究兴趣。

书稿的主要内容在2018年3月国务院发布机构调整方案之前便已完成。在这之后，国土资源部不再存在，自然资源部应运而生，我们所熟悉的武汉市国土资源和规划局也更名为武汉市自然资源和规划局，城市总体规划和土地利用总体规划都变成了历史，而代之以全新的"国土空间规划"。出于对历史的尊重，本书中所涉及的国土资源部、武汉市国土和空间规划局、城市总体规划和土地利用总体规划等，凡是在时间节点 2018 年 3 月之前的皆沿用原来的叫法。凡涉及与 2018 年 3 月之后的自然资源部、国土空间规划等称谓有明显矛盾的，皆在当页或首次出现页以注释的形式加以说明。在 2020 年秋季，即将给出版社交稿付梓之际，又查询了本书初稿形成以后的两三年来的最新文献和政策走向，并对很多表述进行了更新，局部内容进行了重新撰写。

本书在写作过程中，参考了大量的国内外相关文献，尤其是有关规划协调方面的文献综述部分和国外经验介绍部分，其部分内容带有文献汇编的性质，虽然尽量注明了出处，但仍然难免会有所遗漏，敬请谅解。还要感谢国家科技支撑计划课题（2014BAL01B02）对本书出版的资助。最后，对武汉市自然资源和规划局（原武汉市国土资源和规划局）、武汉市土地利用和城市空间规划研究中心、武汉市规划研究院和武汉市规划编制研究和展示中心的领导和同仁所给予的支持和帮助再次表示感谢！对为本书编排所付出艰辛劳动的责任编辑李东老师表示衷心的感谢！也感谢石楠先生和刘奇志副局长在百忙之中为本书写序，他们的"点睛之笔"无疑有助于读者对本书的阅读和理解。

冯 健

2020 年 10 月

目 录

2

实践篇 ··· **069**

『规土融合』——从技术创新走向制度创新

1

理论篇

第一章 绪 论

1.1 研究背景

指导城市发展的各项规划由于长期分属不同体系，由不同部门编制和管理，实施过程中普遍存在不协调、不对接的情况，其中，又以城乡规划（简称"城规"）与土地利用规划（简称"土规"）的矛盾最为突出。"两规"在内容上虽各有侧重，但均为安排城市土地利用与空间布局的主要依据，关联性极强，正因如此，"两规"在规划思路与技术平台上理应相互融合、衔接。为此，在2004年修订的《中华人民共和国土地管理法》（以下简称《土地管理法》）与2008年实施的《中华人民共和国城乡规划法》（以下简称《城乡规划法》）均明确指出"两规"在编制和管理层面需要相互衔接。但在实际操作中，由于"两规"分属不同的规划体系，其规划成果与规划实施管理往往存在一定程度脱节，甚至相互冲突，削弱了"两规"在城市建设中的引导作用。

芒福德曾说过："真正影响城市规划的，是深刻的政治和经济的变革。"（宋峻岭等译，1989）随着我国进入社会经济发展转型期，发生了城镇化战略由"加速"变轨"提质"、市场机制不断完善、政府职能加快转变、重视生态文明等一系列重要的改革举措。在这样的时代背景中，规划作为与国家发展密切相关的一项公共政策与治理手段，亦迎来了全面深化改革的机遇期。"规土融合"，乃至"多规合一"便是我国当下规划体系革新的大势所趋。2014年《国家新型城镇化规划（2014～2020年）》中明确提出"推动有条件地区的经济社会发展总体规划、城市规划、土地利用规划等'多规合一'。"随后，国家发改委、国土资源部、住房和城乡建设部、环境保护部又联合发布《关于开展市县"多规合一"试点工作的通告》，将国内28个县市列为试点。

此轮改革，不仅包括技术体系对接、规划内容协调，甚至还涉及行政系统重组，以及对规划公共政策属性的再认识；因此，不能单纯将其理解为技术层面的创新改革，而应更多地关注到其背后的制度导向，才能从根本上改变规划方法滞后于时代需求、规划方案助长城市问题的困境。若停留在技术层面的简单融合，未能促成真正的化学反应，便不可能是一场彻底的革命（张京祥，陈浩，2014）。在实践中，上海、广州、武汉、沈阳等城市已分别从自身实际出发，对规土融合、多规融合进行了相关的研究与探索，在优化和对接两规内容与技术体系、建设"一张图"的城市规划信息平台等方面取得不同程度的进展、积累了一定经验。但综观其规土融合进程，不难发现，各地在规划制度改革层面的推进相对缓慢，缺乏实质性转变。因此，亟须集中探讨制度层面的创新路径，以推动地方实践乃至国家决策层面发生更为彻底的变革，真正促进规土融合发生"化学反应"。

2018 年 3 月，国务院组成部门调整方案出台。在这次机构改革方案中，组建自然资源部，在原国土资源部、国家海洋局、国家测绘地理信息局职责的基础上，整合了国家发展和改革委员会的"组织编制主体功能区规划职责"、住房和城乡建设部的"城乡规划管理职责"、水利部的"水资源调查和确权登记管理职责"、农业部的"草原资源调查和确权登记管理职责"以及国家林业局的"森林、湿地等资源调查和确权登记管理职责"。自然资源部的组建是构建新时代国土空间开发保护格局的重大举措，建立国土空间规划体系是其重要职责，也为"多规合一"的实行在制度上进行了铺垫。自然资源部组建以后，开展新一轮的国土空间规划成为其当前及未来一段时间的重要任务，全国各大城市纷纷探索国土空间规划的编制方法和编制实践。本研究所涉及的实证研究地区——武汉市，也有对应的举措，武汉市国土资源和规划局更名为武汉市自然资源和规划局，并着手编制武汉市国土空间总体规划（2020—2035 年）。

在上述背景下，可以说武汉市多年来所探索的"规土融合"实践已经告一段落，新的国土空间总体规划中，出于"统一的空间方案、统一的用途管制、统一的管理事权"的基本目标以及"实现一个空间一张蓝图"的基本要求，已经从新的起点上来推进"规土融合"乃至"多规合一"。可以说，2018 年以前武汉的"规土融合"实践，代表了中国在市场转型期、行政管理体制处于变革的适应期以及"多头规划"管理模式下的一段历史，从"规划史"的角度来看，这段历史颇有特色，也值得处于类似经济背景或类似经济发展阶段下的相关国家、相关城市借鉴，规划协调的相关原理对当前的国土空间规划仍然具有参考价值。因此，"规土融合"实践值得从"学理"的层面上进行系统研究和总结，尤其是值得从理论的视角予以关注，这便是本书开展这一选题研究的初衷。

本研究借助政治经济学的研究视角（Wright and Rabinow，1982），在充分理解制度设计动机与空间利用逻辑关系的前提下，结合我国政治决策环境特色语境开展分析。首先从宏观层面辩证认识"规—土"矛盾现状背后的历史必然性，剖析二者核心矛盾的形成机制，从而理性研判"规—土"不融合的深层次原因。其次，基于上述认识，重新审视"规土融合"的实践作为，保留地方实践创新中的有益做法，并反思地方实践中的改进空间。进而，学习、借鉴国外案例的有益经验与成熟做法，同时结合国家整体政治经济环境的发展动向，思考国家层面规划管理体制重构的演化趋势与制度创新路径。

1.2 相关概念辨析

关于我国规划体系重构的创新研究层出不穷，但在文献分析过程中可发现，相关主题出现了诸如"两规协调""两规合一""规土融合"等多种提法。看似细微的措辞不同，表达的内涵其实是不尽相同的。辨析几字之差的目的不是玩文字游戏，而在于厘清用词背后所要表达的真正概念内涵，体现出科学严谨的研究态度，也是对所分析问题有深刻且全面理解的前提。总体来说，相关研究都是围绕传统上我国两大核心空间规划体系展开，不同表述方式某种意义上也成为反映二者关系发展脉络的线索。一方面，从"两规"到"规土"，蕴含着对研究对象的外延；另一方面，从"协调"到"融合"或"合一"，暗示着对发展结果的不同预期。因此，在研究全面展开之前，将首先厘清研究对象，并为其发展目标预设一个基本方向，以形成本书研究的两条核心脉络。即，基于历史与现状的"体系解构"，以及基于实践探索与趋势发展的"体系重构"。

1.2.1 "两规"与"规土"

"两规"，强调的是具体规划类别之间的关系，是基于我国现有规划体系架构的局部透视。一般来说，研究中学者通常将"两规"设定为城市总体规划与土地利用总体规划。由于两个总规都有明确的编制办法，以其作为研究对象时常常关注的是两套编制办法技术层面上的矛盾冲突，并致力于协调。随着社会经济的发展，为了应对来自实践的挑战，二者也在各自壮大。例如，控制性详细规划是在20世纪80年代中后期我国建立土地有偿使用制度时，为了创新开发控制技术而发展起来的；进入 21 世纪后，针对高速城镇化的建设需求又兴起近期建设规划，以增强城市规划的现实指导性（邹德慈，2014）。至此，我国城乡规划体系由城镇体系规划、城市规划、镇规划、乡规划和村庄规划构成，其中城市规划和镇规划分为总体规划和详细规划，详细规划分为控制性详细规划和修建性详细规划；同时，城市、县、镇人民政府制定近期建设规划。而土地利用规划体系方面，主要形成土地利用总体规划、土地利用专项规划、土地利用年度计划（图 1.1）。然而，两个规划体系发展的出发点在于自我发展，内容的丰富进一步增加了两者关系的复杂性，因而对"两规"问题的关注也逐渐发展为以二者体系内部架构逻辑为出发点的研究，涉及了二者不同层级规划之间的对应关系（汪云，2010），甚至是以系统的思路重新审视规划体系的合理性（王向东、刘卫东，2012）。

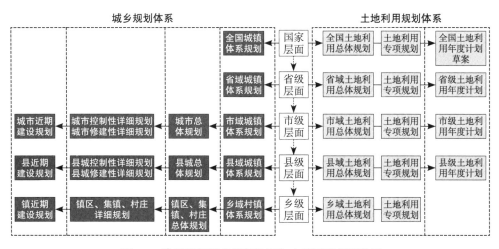

图 1.1 我国现行城乡规划体系与土地利用规划体系

社会经济的进一步转型，提出了更多对综合效益的追求以及对可持续发展的要求，因而对规划体系的综合性产生了更大的需求。2018 年前我国规划体系架构的逻辑之一在于横向分工，如城乡规划体系侧重城镇建设发展，土地利用规划体系侧重土地资源保护，五年规划侧重社会经济发展的战略部署等。于是，综合性可以通过不同类型规划的沟通、协作、交叉、融合作为实践响应。此时，不仅二者统筹发展的呼声更高，对统筹协调对象的理解也有了明显的外延。然而，这种外延与此前城乡规划和土地利用规划各自内容的扩展不同，应理解为二者通过统筹发展所能产生的化学反应，即除了确保各自原先规划目的的有效实现之外，还能衍生出更多的效益，例如规范土地市场运行秩序与效率、推动城乡统筹、促进规划显化"价值理性"等。因此，此时统筹协调的已不仅是两个规划体系，而是空间规划手段与土地利用过程，而"规土"才能更准确的概括这层内涵。

1.2.2 "协调"与"融合"

不管是协调还是融合，讨论的其实是整体规划体系的未来形态。协调，强调配合，建立在主体相对独立的基础上，属于对原有系统的修正。强调不同规划之间的协调与衔接，即在保持各规划为独立系统的前提下做到各环节并行不悖，包括技术标准衔接、实施平台统一、成果结论共享等。融合，强调统一，建立在主体密切交流的基础上，属于对原有系统的重构。主张着眼于整体规划体系的重构，提倡弱化规划体系的横向分类，加强体系的纵向建构，同时重视过程管理。而事实上，"协调"是"融合"的基础，"融合"的结果中包含着"协调"的过程。将"融合"选择为发展目标，既是对现有研究的传承，也体现对既有成果的推进。

此外，除了"融合"，还有"合一"的说法。包括在国家政策、文件中提出的亦是"多规合一"。通过对其内涵的仔细研究，发现"合一"中的"一"并非是一个数量概念，而是更侧重"统一"之义，因此"规土合一""多规合一"本质上也是朝着"融合"推进。总的来说，空间规划体系改革的目标应当朝着构建一个"价值统一、信息一致、管理一体"的规划系统发展，而这便是"融合"目标的具体内涵。

1.2.3 "规土融合"的内涵

达到上述目标需要经历一个循序渐进的过程，在自然资源部成立以前，我国空间规划体系重构的关注点仍主要在完善两大空间规划体系协调机制的层面上，但对"融合"最终目标达成共识是必要的，也才能确保对协调机制各层面的创新形成有效合力。同样，对协调机制全面认识也具有不可忽视的基础性作用，既是对发展进程的了解，也是保障改革现实可操作性的抓手。综合上述分析，本研究旨在对"规土融合"发展形成较全面的认识，因此对"规土融合"的定义将充分体现动态内涵。即，"规土融合"是指随着社会经济的发展，城乡规划体系与土地利用规划体系出于自身发展需求、顺应时代特征要求，逐渐从分离走向融合、从相互制约走向积极互动，并由此衍生出更大综合效益与附加价值的过程，本质上是对空间资源使用逻辑的重新审视。

此外，需要说明的是，虽然国家层面及许多地方实践，早已纷纷拉开"多规融合"的序幕，除城乡规划和土地利用规划，还加入国民经济和社会发展规划、生态环境规划等。然而，原先在规划编制中便需要充分考虑国民经济和社会发展规划的战略要求，同时也离不开各类专项规划的支撑作用，"多规融合"的核心与难点还是在于空间规划手段与土地利用的互动层面。加上"规土"的定义也非局限于城乡规划与土地利用规划，而是二者在走向融合过程中涉及的各种参与主体与作用对象，自然也离不开对社会经济发展战略和自然环境保护目标的指引。因此，"规土融合"较"多规融合"更为聚焦空间规划体系重构的核心问题，也更明确"修正"与"重构"结果的本质区别，同时更能体现空间使用逻辑的深刻转型。

1.3 理论基础

1.3.1 空间政治经济学

列斐伏尔的"空间生产"理论阐述了空间内涵在社会经济发展中发生的本质变化，即空间不只是僵化的物理场所，而是可以加入"社会—经济"结构再生产的一种资本与工具。因此，空间生产理论下，空间是政治的，空间组织形式其实是资本主义生产方式的产物，并且它还能反作用于这种生产方式所依赖的生产关系的再生产来批判城市意识形态（张翌，2011）。

在实践中，空间组织方式便是空间规划的研究内容。在没有认识到空间的资本属性之前，空间规划被视为一种技术性质的空间营造；随着空间逐渐显化其政治意义，规划便从纯技术性的理性过程演化为制度性、权力性的行政活动与政治过程（Brindle、Rybin and Stoker，1989）。即政府通过赋予空间一定的职能属性并安排各种职能的组合结构，从而引导社会经济的定向发展。正如列斐伏尔所说的："工业化曾造就了城市化，而现在却被城市化所造就。"（王文斌译，2004）由此，空间规划的改革不再只是源于技术手段的创新，而与社会生产方式的转变有着密不可分的联系。而空间规划作为一种宏观的政府调控行为，相关生产方式的转变其实是社会、经济、政治制度变迁的结果。于是，上述理论框架构建起研究空间规划变迁机制良好的政治经济学视角：空间规划行为本质上是政府经济活动中的一种，而政策、法律等政治因素是推动其变革的重要变量。

1.3.2 理论模型构建

虽然空间生产理论起源于资本主义社会，但对我国的规划发展同样具有深远的启示意义，尤其在我国实现由计划经济向市场经济转轨，并建立起土地使用权交易市场之后，空间规划的经济内涵得到充分显示。值得关注的是，我国空间规划体系中分化出土地利用规划和城市规划两大体系，分化的原因从两规"一个重保护、一个促发展"的实施初衷便可见一斑，这种规划目的相互制约的局面蕴含着我国政府空间生产中主要的博弈内容，而这种博弈又是各阶段社会经济政治制度综合作用的结果。综上所述，两规各自为政的困局与国家当时的城镇化战略、土地制度、行政管理体制、经济制度有着颇深的渊源。而随着我国制度改革工作不断得到深化，将直接改变空间生产的内在逻辑，从而促使规划发生改革响应（图1.2）。

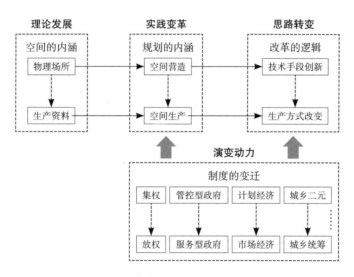

图1.2　政治经济学视角下的空间规划演变逻辑

1.4　技术路线与研究方法

1.4.1　技术路线与核心内容

首先，通过第一章、第二章引出研究的核心问题，即全面认识城乡规划与土地利用规划互动关系的嬗变，及相关研究进展，并思考未来空间规划体系重构的发展趋势。同时，围绕问题构建研究的理论模型，建立空间规划手段改革与政治经济环境变迁的双向联系，为后文"解读规土为什么不融合""明确不融合的症结所在""研判规土融合发展趋势"统一理论视角。

其次，以"体系解构"与"体系重构"两条主线展开具体分析，并通过时间轴串联起"规土融合"发展历程中的核心转变（图1.3）。

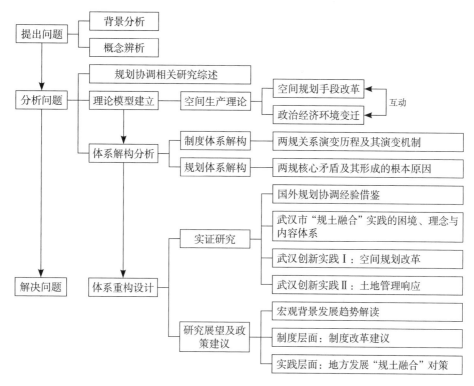

图1.3 研究技术路线示意图

（1）体系解构部分，分为第三章的制度体系解构、第四章的规划体系解构。第三章，通过梳理"两规关系"的历史演变特征，并挖掘每次转变背后的政治、经济推动作用，形成对现行空间规划体系架构机理的理性认识。第四章，旨在重点关注"两规"之间核心矛盾形成的根本原因，为之后破题奠定基础；首先立足宏观政治经济环境中，聚焦密切作用于空间规划体系发展的相关因素，主要包括城镇化发展战略、土地制度、经济体制、行政管理体制等；进而详细解读各相关因素的具体特征及其在"两规"核心矛盾形成与发展机制中的重要意义。

（2）体系重构部分，以实证研究为主要方法，分为第五章国外案例借鉴、第六章武汉市创新实践综述、第七章武汉市乡镇总体规划编制实例、第八章武汉市"规土融合"的建设用地节约集约利用创新评价实例，以及第九章的发展趋势及制度创新需求与途径。其中，第五章系统研究日本、美国、英国在规划体系构建、规划法制建设、规划部门协调等方面的有益经验，以对中国的规划实践有所启发。第六章在综合宏观分析中提炼创新重点与改革趋势，全面梳理武汉市"规土融合"创新经验，详细剖析其主要做法与核心理念，反思不足之处，并结合实地调研情况反馈实施困境；能够在"自上而下"的规划决策管理体制中，通过反思地方的响应机制，提供一个"自下而上"的思考路径。第七章从理论层面分析"两规"在乡镇级编制实施中的技术矛盾及其根源，并从技术创新的角度系统总结武汉市乡镇级"规土融合"的实现路径，从相对微观的层面进一步诠释"规土融合"理念的实践操作模式。第八章系统梳理武汉市基于"规土融合"理念对用地节约集约评价体系的创新内容，并思考这一创新实践对促进"两规"融合的积极意义，以及对空间规划转型的促进与支撑作用。第九章，建立在上述分析的基础上，进一步分析"规土融合"的发展趋势及制度创新的需求与路径。

1.4.2 研究方法

1. 文献分析法

本研究主要运用文献分析法，从文献分析中汲取养分，并且通过梳理有关的历史资料，写实还原"规土融合"发展的历史过程，并逻辑重演其中发生催化作用的各种社会经济制度因素。具体运用情况如下，第二、三、四、五、六章的分析中，均大量运用文献分析法。第二章从各种历史资料中分析出"规—土"关系演变的叙事脉络，同时寻找相应时期相关的重要政治经济事件，思考二者的相关性。第三章聚焦"规—土"之间的四个核心矛盾，在重新梳理城镇化战略发展、经济体制改革、行政管理体制改革、财税制度改革、相关法制建设工作发展历程的基础上，找出最直接的作用因子，并对其形成的动力机制展开具体分析。第四章主要关注武汉市"规土融合"实践的创新内涵，在梳理其主要内容时阅读了大量与武汉实践相关的文献，从中总结出最核心的几项创新手段。第五章搜集具有可比性的国外案例，并对其具体做法进行详细分析，并从中提炼出对"规土融合"实践具有切实借鉴意义的内涵。第六章基于我国政治经济环境的发展趋势，结合前文分析得到的"规土融合"发展瓶颈所在，对"规土融合"发展提出目标愿景与发展策略。一方面，从分析我国政治经济环境变革趋势的相关文献中梳理出与"规土融合"形成最直接影响的部分并展开具体分析；另一方面，阅读展望我国规划体系重构趋势的相关文献，获得关于"规土关系"重构核心目标与创新策略的有益启发。

2. 深度访谈法

空间规划是一种操作性较强的实践内容，仅通过文献分析易会出现"纸上谈兵"的局限性。本研究通过对武汉市的详细调研，并在调研中多次安排与工作在规划实践一线、不同职位的规划人员进行深度访谈。听取他们在实践创新中遇到的切实问题，以及他们从自身经验出发对"规土融合"的发展展望以及预想的核心难点所在，为本研究提供更多元的视角，也对研究对象形成更加客观理性的认识。此次调研涉及武汉市国土资源和规划局（2018 年改名为武汉市自然资源和规划局，由于调研时间在改名之前，故本书中仍沿用原名，下同）、武汉市土地利用和城市空间规划研究中心、武汉市规划研究院，受访者覆盖决策领导层、部门主管层、一线规划师，能够从"决策—管理—操作"方面提供较全面看待问题的视角。

第二章　规划协调理论研究进展与展望

在我国，长期以来包括城市规划、土地利用规划、国民经济发展计划、生态环境保护规划等在内的各种规划，由于对其负责的部门不同以及各部门关注重点不同，加上各相关部门之间缺乏有效的沟通和协调机制，造成各类规划各行其是、相互之间难以协调甚至存在矛盾的局面。尤其是涉及用地空间布局的城市规划和土地利用规划，不协调的状况引发很多规划实施问题和矛盾，在市场日益成熟和规范的条件下，规划不协调的问题亟待解决。近些年，从地方上最初的有关城市规划和土地规划的"两规融合"或"规土融合"实践，到国家正式强调"多规合一"，使得规划理论界和规划实践中都开始关注和重视对规划协调问题的研究，规划协调甚至成为城乡规划领域的热点研究话题。尤其是近年来，新型城镇化的全面推进对"多规合一"提出新的要求，实际上也为推行"多规合一"理念及相关规划的开展提供了机会。与此相呼应，学术界也开展一系列研究，这些研究都有待于进一步总结，以便今后从更高的高度把握规划协调话题的发展走向，并使相关研究迈上新的台阶。正是基于这一出发点，本部分对国内业已发表的有关规划协调问题的相关研究论文进行检索，并进行总结概括，拟从"规划协调研究发展脉络""规划协调理论研究进展"以及"研究不足与展望"三方面展开文献综述，以期对同类研究的进一步开展有所裨益。

2.1 规划协调研究发展脉络

2.1.1 以"两规融合"为主的探索酝酿阶段（1996—2007 年）

中国学者注重和强调规划之间的协调研究开始于 20 世纪 90 年代，重点集中在两规衔接存在问题的研究以及两规衔接途径的探讨。城市总体规划与土地利用规划在空间上是统一的，在编制内容上和管理对象上存在交叉，在实施过程中存在冲突之处，二者之间的衔接是规划协调致力解决的问题。我国在1988年和1996年开展编制了第一轮和第二轮土地利用总体规划，在1996年开始的土地利用总体规划编制期间，对于"两规"的异同点和关系的探讨性研究比较丰富（萧昌东，1998；张月金、王路生，2012；李晓楠等，2014）。初期研究对于规划协调技术处理讨论较多，在制度层面的研究比较初步，包括对于两规法律地位、目标、内容、范围、行政审批的对比等。

在20世纪90年代，部分地区已经开始初步"规土合一"的探索。深圳市先后开始《深圳市城市总体规划（1996—2010）和《深圳市（1997—2010）土地利用总体规划》的编制工作。当时深圳实行"规土合一"的管理方式，由深圳市规划国土局统一负责城市规划和土地利用规划的管理工作，两个规划编制主要由深圳市城市规划设计研究院承担，使得两个规划在编制过程中得到充分协调（牛慧恩，陈宏军，2012）。

21世纪以来，土地资源的日益紧缺使得各类规划对于空间资源利用的冲突更为显著，城市扩张与耕地、生态环境保护间的统筹更加复杂。技术方面规划协调的研究已经比较完善，涵盖基础数据、人口与用地规模的指标、用地分类、技术平台等内容。对于制度层面研究有所发展。

国内部分地区开展了内容各异的"三规合一"规划实践，但在初期实践成果有限。2003年，广西钦州率先提出"三规合一"的规划编制理念，即把国民经济和社会发展规划、土地利用总体规划和城市总体规划协调、融合起来（朱江等，2015）。2004年，国家发改委在六个地市县（苏州市、钦州市、宜宾市、宁波市、安溪县和庄河市）进行"三规合一"试点，由于缺乏体制保障、有效的理论方法、技术手段等原因，成效有限（苏文松等，2014）。

早期规划协调理论研究多集中在对各类规划特点描述和部分技术研究，由于地方实践仅仅依靠单个部门的推动，并且在当时的快速城市化发展阶段，规划管理相对松散，土地资源相对充裕，地方政府改革意愿也不太强烈，没有取得太多实质性成果。

2.1.2 规划协调的地方多元化实践阶段（2008—2012年）

2008年，伴随国家大部制改革，国内大城市如上海、武汉、深圳等地均依托机构改革，有力地推进"三规合一"工作，并总结出丰富的工作经验。北京、重庆等地也分别由发改委与规划部门牵头，开展"四规"合一的规划探索。

"多规融合"在技术上的创新最先得到实践。广东省河源市在 2008 年开始编制的总体规划以"三规合一"为工作目标，以"三统一、二协调、一平台"为技术目标，编制广东省内第一个"三规合一"的城市总体规划。在数据与年限、规划发展目标、土地分类标准上取得一致，搭建规划信息的同一平台，并协调土地利用和空间管制（赖寿华等，2013）。

同时，在制度方面的改革也得到推进。2008 年，深圳规划和土地管理部门重新合并成立了规划国土委员会，并且将城市总体规划和土地利用总体规划统一由总体规划处负责，"两规"协调的力度大大提高（牛慧恩、陈宏军，2012）。2010 年，广东省在《关于印发〈2010 年省政府工作要点〉的通知》中进一步明确要积极推进广州、河源和云浮等地"三规合一"试点（张少康、罗勇，2015）。2010 年云浮市通过设立"规划审批委员会""规划编制委员会"，广州市设立"三规合一"工作领导小组并构建"三上三下"机制，在制度协调上进行创新。2012年，广州市结合审批流程改革，系统梳理发改委、规划、国土管理部门的法定规划（潘安等，2014）。

对于不同层级、类型的规划衔接工作也总结出许多实践经验。例如，自 2010 年 5 月开始，武汉市率先在全国开展镇域总体规划和乡镇土地利用总体规划合一编制工作，经过两年多的探索和实践完成了全市 80 个乡镇总体规划的编制，实现法定规划市域全覆盖。2011 年，成都市在既有城乡统筹规划的基础上，借鉴武汉、上海等地的先进经验，开展乡镇土地利用总体规划与乡镇总体规划"两规合一"的综合规划编制探索工作。

这一阶段的规划融合实践以广东省、武汉市、成都市为代表，主要集中在一些较为发达的特大城市和地区。部分经济社会发展速度较快的城市面临着相对较大的资源和环境压力，同时面临政府职能转变的社会需求（朱江等，2015）。大部分探索具有"自下而上、需求驱动、聚焦土地"的特点，在土地指标普遍紧缺的重压下，有些地方政府因为难以容忍规划冲突而造成的土地指标"沉淀"问题主动开展"多规融合"实践（沈迟、许景权，2015）。通过"多规融合"的探索，规划之间矛盾有所缓解，在发展空间上达成一致，且提升了城市政府的治理能力，但由于在法律和制度上的障碍，这一时期探索取得的效果存在着一定局限性。

"规土融合"——从技术创新走向制度创新

2.1.3 新型城镇化背景下的"多规融合"阶段（2013—2017年）

自2013年开始，伴随着国家层面一系列政策文件的发布，多规融合研究受到更多关注。2013年中共十八届三中全会《中共中央关于全面深化改革若干重大问题的决定》中，提出国家治理体系现代化，建立空间规划体系。《决定》提出，空间规划体系是以空间资源的合理保护和有效利用为核心，从空间资源（土地、海洋、生态等）保护、空间要素统筹、空间结构优化、空间效率提升、空间权利公平等方面为突破，探索"多规融合"模式下的规划编制、实施、管理与监督机制。需要整合城市规划、土地利用规划、生态环保规划、林业规划、交通规划、水利规划等各类规划空间信息。2013年年末召开的中央城镇化工作会议提出要坚持"一张蓝图"，为每个城市特别是特大城市划定开发边界。2014年发布的国家新型城镇化规划提出要完善规划程序，推动有条件地区进行"多规合一"，新型城镇化的推进为"多规合一"提出新要求。国家发改委、国土资源部、环境保护部和住房城乡建设部四部委在2014年联合下发《关于开展市县"多规合一"试点工作的通知》，提出在全国28个市县开展"多规合一"试点，试点工作的主要任务包括：合理确定规划期限、规划目标、规划任务、构建市县空间规划衔接协调机制。2016年发布的《中共中央国务院关于进一步加强城市规划建设管理工作的若干意见》提出要改革完善城市规划管理体制，加强城市总体规划和土地利用总体规划的衔接，推进两图合一。并提出要在有条件的城市探索城市规划管理和国土资源管理部门合一。

"多规合一"这一改革趋势正在理论研究和实践方向共同推进。由中央政府决策、多部委共同部署、自上而下的试点工作，为市县政府在规划体系、行政机制以及空间管制等领域留出广阔的探索和试错空间，也将为我国空间规划体系的顶层设计和制度性改革积累更多经验。

2.1.4 行政机构调整背景下的"合一重构"阶段（2018年以来）

严格地说，这个阶段应该从2018年3月国务院出台组成部门调整方案开始。新组建的自然资源部，在原国土资源部、国家海洋局、国家测绘地理信息局职责的基础上，整合了国家发展和改革委员会的"组织编制主体功能区规划职责"、住房和城乡建设部的"城乡规划管理职责"、水利部的"水资源调查和确权登记管理职责"、农业部的"草原资源调查和确权登记管理职责"以及国家林业局的

"森林、湿地等资源调查和确权登记管理职责"。与国家部委的行政机构调整相呼应，各地区也纷纷进行了地方国土资源局和规划局的重组。

在 2019 年 1 月的全国自然资源工作会议上，明确了"优化国土空间开发保护格局""落实'多规合一'建立国土空间规划体系，严格国土空间用途管制，加强国土空间生态保护修复"是 2019 年的重点工作之一。2019 年 5 月《中共中央国务院关于建立国土空间规划体系并监督实施的若干意见》出台。《意见》明确提出国土空间规划是国家空间发展的指南、可持续发展的空间蓝图，是各类开发保护建设活动的基本依据。建立国土空间规划体系并监督实施，将主体功能区规划、土地利用规划、城乡规划等空间规划融合为统一的国土空间规划，实现"多规合一"，强化国土空间规划对各专项规划的指导约束作用，是党中央、国务院作出的重大部署。为建立国土空间规划体系并监督实施，《意见》从重大意义、总体要求、总体框架、编制要求、实施与监管、法规政策与技术保障、工作要求 7 大方面给出了具体的指导性意见。为深入贯彻落实《中共中央国务院关于建立国土空间规划体系并监督实施的若干意见》，交流各地经验，推动各地加快国土空间规划编制与实施，2019 年 6 月自然资源部在厦门市召开"推进'多规合一'国土空间规划工作现场会"并就 15 个方面进行了工作部署，其中"扎实推进以全国国土空间规划纲要为前提的市县国土空间规划编制工作""通过控制关键指标参数、管什么就批什么，精简规划审批内容，大力提高规划审批时效""建立专家咨询机制，注重通过不同观点的碰撞发挥各相关领域专家、协会学会、学术机构的作用""合理确定新的国土空间规划标准体系""加快建设国土空间基础信息平台，实现所有规划一张底图"等均涉及在"多规合一"的理念下推进国土空间规划编制的重要精神。会议期间，与会代表实地考察了厦门市"多规合一"平台建设情况，厦门市、海南省、广州市、上海市先后介绍了"多规合一"工作经验和做法。2019 年 11 月，自然资源部部长陆昊主持召开全国国土空间规划视频培训会，并在会议上做出了重要讲话，并强调自然资源部的组建为生态文明建设提供重要的机构保障，建立国土空间规划体系，推行"多规合一"并监督规划实施，是自然资源管理体制改革的最大突破，也是自然资源部门的重要职责。2020年以来，全国各地纷纷推进新一轮国土空间规划的编制工作。由于新一轮国土空间规划工作刚刚开始，到本书交稿的时间点，关于这一轮国土空间规划工作的技术创新总结及实践工作总结尚未见到相关的发表资料。

综上所述，自 2018 年自然资源部组建以后，从规划协调的角度来讲，已经真正进入到扫除了"多规合一"的行政和管理体制障碍的阶段，新时代背景下"多规合一"的思想、理念都将在以实现生态文明为目标的新一轮国土空间规划中予以反映，而规划的编制方式、方法和技术手段都将面临重构。而从理论研究的视角来看，规划协调研究发展也进入到所谓的"合一重构"阶段，至于这一阶段还能延续多久，在新一轮的国土空间规划中，"多规合一"实现的成熟的技术方案，都需要下一研究阶段的总结。

2.2 规划协调理论研究进展

实现规划协调是推进新型城镇化和生态文明建设的重要举措，可以有效提高行政效能（董祚继，2015）。其研究内容大致可以分为理论基础、协调机制、规划体系、技术改革与创新四大方面。

2.2.1 理论基础

规划协调理论基础较为广泛，当前规划协调的基础性理论主要包括：可持续发展理论、科学发展观理论、公共政策理论、城市与区域管治理论、协作规划理论（魏广君等，2012、2020）、"反规划"理论、"博弈论"等。

在上述理论中，魏广君（2012、2020）曾对前五个理论进行了系统论述，而后两个理论也被学术界予以关注（袁磊、汤怡，2015；曾山山等，2016；林坚等，2015；林坚、乔治洋，2017）。现将学术界对各理论的论述简要概括如下：

城规和土规的总体原则具有一致性，即皆以节约利用和合理配置土地资源为最终目标，要秉持可持续发展的基本原则（刘利锋、韩桐魁，1999；杨树佳、郑新奇，2006；魏广君，2012）。可持续发展理论要求对于空间资源的利用应当既满足当代人需求，又不损害后代人满足其需求的发展。要实现城市可持续发展，要求在规划中综合考虑城市发展资源与环境问题，在土地资源承载力的约束下，提出符合社会、经济发展目标的规划建议（许德林等，2004）。

科学发展观是针对我国社会经济发展现状提出的科学发展理论。这一理论要求统筹城乡发展、统筹区域发展、统筹经济社会发展、统筹人与自然和谐发展，推动集约型发展，保护环境、节约资源。

公共政策理论强调要将政策制定过程科学化、透明化。公共政策价值取向直接影响政策内容和结果，这要求政策制定者坚持正确的价值取向，并在制定和执行过程中保持科学、透明的环境。

城市与区域管治指不同利益相关者进行对话、协商和合作，运用政治权威管理和控制资源，解决冲突，再分配区域利益以弥补市场交换和政府调控不足（方创琳，2007）。提倡以构建多层次、多组织的空间资源分配过程作为协调各社会发展单元间利益的重要方式。

Habermas的协作性规划理论被认为不仅是多利益相关者参与的一个交互式解释性过程，也是一个通过沟通理性的商讨型决策尝试（Healey，1992；魏广君，2012、2020）。规划协调由强制性自上而下的一致与严格服从转变为通过协商自发的相互赞同。协作性规划尊重并考虑各类利益相关者，可以在复杂多样的环境下协调各种矛盾，促进利益主体间的协作。

在"多规合一"空间管制中引入"反规划"理论，是把"图"（城市）与"底"（环境）进行易位，将环境作为"图"先行设计。在规划协调中更加关注区域永久基本农田边界、生态红线等这类人类生存发展所必须的保护空间，注重强调地域景观真实性和生命土地完整性，秉持保护优先理念（袁磊、汤怡，2015）。这一理论提出与传统规划次序相反的规划顺序，提倡从生态角度、以人为本做规划。

有学者从"博弈论"的角度来思考"多规融合"，认为各类空间规划之间的冲突本质是空间发展权之争，"多规融合"应该公平对待各类空间发展权，促进多元利益主体之间形成良性互动关系，追求多元主体的利益平衡，在国家与地方，上下级政府，潜在土地权利人与现有土地权利人的博弈过程中寻求"最大公约数"（曾山山等，2016）。在博弈论与"多规合一"及空间规划的关系方面，林坚等亦有过系统论述，如空间规划的实质是基于土地发展权的空间管制，各类规划主管部门围绕土地发展权的空间配置开展博弈，当部门"放权"成本较高时，"不合作"是满足单一部门理性要求的选择；而上级政府介入干预将促使多规走向合作（林坚等，2015）。在生态文明体制改革大背景下，市县级"多规合一"利益相关者存在复杂的博弈关系：政府内部纵向的博弈关系，政府不同部门间横向博弈，政府与市场的博弈以及政府与社会的博弈（林坚、乔治洋，2017）。总之，"博弈论"可以作为我国规划制度改革，部门权益协调等方面的理论指导。

2.2.2 协调机制

各类规划作为政府行为，在政府管理体制下运行，政府管理体制的设计和运营必然对于规划的编制和协调产生较大影响，政府部门制度创新可以为规划协调提供有力保障。长期以来，"三规"的编制自成体系，建设部门、发改部门、国土部门分别主管城乡规划、经济社会发展规划、土地利用规划，在规划编制过程中均接受各自上级行政主管部门的指导与监督，因而导致各种规划相互重叠、脱节甚至冲突，规划难以执行和实施。部门和地方利益壁垒使得部门利益与整体利益难以做到协调一致（郭锐、樊杰，2015）。体制成为"多规合一"最大的制约因素。土地资源配置本质是权利的分配与交易，运用技术性手段无法根本性解决权利分配问题，因此，这种权益的变化，运用技术性手段是无法得到根本性解决的（孙施文、奚东帆，2003）。

中国传统的城市规划体系在一定程度上具有破碎性问题，各类规划之间重叠交叉现象普遍，应以空间规划作为整合各类规划、政策的平台。"经规""城规""土规"在内容上和空间覆盖区域上有很大差别，"经规"缺少空间内容，"土规"和"城规"在规划区域和未来发展区域范围内往往存在各自为政的规划，在用地类型、用地数量上都存在差异（丁成日，2009）。各类设施和政策应当在空间上实现统筹，以空间规划作为各项规划设施统筹的平台（余颖等，2015）。发达国家的空间规划体系，如德国、日本等，都具有三个特征：①各类规划功能清晰，国家、区域层面规划以战略指导为主，地方层面则在落实上位规划基础上进行具体空间布局；②都有事权明晰的管理体系，并有完善的规划协调机制；③有完善的法律法规体系作为支撑（谢英挺、王伟，2015）。国外普遍将空间规划作为统筹各项政策和活动的平台，地方层面的空间规划可以将国家和区域层面政策细化落实。在国家层面实现统一的空间规划体系是一个根本性变革方向，可以避免部门分割造成的冲突和社会资源的浪费，提高规划编制与实施工作效率。

《中华人民共和国土地管理法》（以下简称《土地管理法》），《中华人民共和国城乡规划法》（以下简称《城乡规划法》）等法律为"两规衔接"提供了制度和法律基础。1999年施行的《土地管理法》对"两规"的相互制约关系进行了规定：城市总体规划、村庄和集镇规划中建设用地规模不得超过土地利用总体规划确定的城市和村庄、集镇建设用地规模；城市规划区内、村庄和集镇规划区内，以及城市和村庄、集镇建设用地应当符合城市规划、村庄和集镇规划。这意味着城乡规划定布局与土地规划定规模互为依据。我国《土地管理法》第二十二条中规定：城市总体规划、村庄和集镇规划，应当与土地利用总体规划相衔接，城市总体规划、村庄和集镇规划中建设用地规模不得超过土地利用总体规划确定的城市和村庄、集镇建设用地规模。在城市规划区内、村庄和集镇规划区内，城市和村庄、集镇建设用地应当符合城市规划、村庄和集镇规划。《城乡规划法》第五条中规定：城市总体规划、镇总体规划以及乡规划和村庄规划的编制，应当依据国民经济和社会发展规划，并与土地利用总体规划相衔接。2005年住房和城乡建设部颁布了新的《城市规划编制办法》，其中指出城市总体规划范围与市行政范围一致，并分为市域城镇体系规划和中心城区规划两个层次。市域城镇体系规划范围与土地利用总体规划范围基本一致（陈哲等，2010）。

各地方所探索建立的协调制度也可以概括为以下几种模式或组合（表2.1）：部门合并模式、成立协调机构、进行规划编制和管理改革等。各类改革方式都在一定程度上实现了规划的协调、空间管制、项目审批管理和引导城市建设时序方面的改进。

国内城市规划协调机制改革经验 表2.1

协调方式	城市	协调机制
部门合并	上海、武汉、深圳等	城市规划部门与国土部门进行整合，组建完成新的规划和国土资源管理机构。机构合并后实际上还是两个规划系统
成立协调机构	广州	临时性的部门协调机制："领导小组——工作小组"，由广州市市长任组长，建立工作领导小组会议制度。于2014年12月实行机构合并，成立广州市市国土资源和规划委员会
成立协调机构	莆田市	市委、市政府成立城乡一体化工作领导小组，具体工作由市发改委、城乡一体化办公室牵头，市规划局、国土局和环保局等多个部门共同构成规划编制与实施主体
成立新机构	云浮市	建立新的规划决策机构：云浮市规划审批委员会，同时整合成立新的管理机构
规划编制与管理改革	重庆市	"共编""共管"的规划协同机制。多部门使用共享信息平台，共同进行规划编制、规划部门进行全域管控和协调
规划实践落实	成都市	在县镇综合规划落实"两规"同步编制，协商规划方面取得了进展

佛山市顺德区在2009年进行行政部门改革，将涉及宏观层面的规划编制权收拢，由原经济贸易局负责编制的产业发展规划、原佛山市国土资源局顺德分局负责编制的土地利用总体规划、原环境保护局负责编制的环境保护规划职能归并到由发展改革与统计部门和规划部门合并形成的发展规划统计局，实现了"多规合一"（袁奇峰等，2015）。

成立协调机构可以有效推进"三规合一"工作。具体来看可以成立规划编制委员会、跨部门协调机构等。规划编制委员会可以统筹负责各部门的专项规划制定以及监督职责、业务办理。或者建立跨部门协调机构，由市政府统筹，设立部门间的"共编共用共管"协作交流机制（张少康等，2014）。"三规"中任何一个规划启动编制或修编时，会触发联动机制，在规划期限、建设用地边界、控制线等关键问题上必须达成一致。同时，应逐步建立规划实施的联动反馈机制，由"三规"协同工作领导小组主持，每年召开"三规"协同工作会议，在规划实施中应形成有效反馈机制，定期评估"三规"协同的成效（韩高峰等，2014）。

广州市成立临时性的部门协调机制"领导小组——工作小组"，由广州市市长任组长，建立工作领导小组会议制度。但这一制度改革并没有在广州延续下去，2014年12月实行机构合并，成立广州市国土资源和规划委员会。广州市的制度改革在空间管制上统一了规划建设范围，项目审批流程得到优化，为各类基本建设项目的报批提供统一高效的审批平台（徐东辉，2014）。在莆田市城乡一体化总体规划编制实践中，市委、市政府成立城乡一体化工作领导小组，具体工作由市发改委、城乡一体化办公室牵头，市规划局、国土局和环保局等多个部门共同构成规划编制与实施主体。

云浮市的制度改革通过建立新的规划决策机构——云浮市规划审批委员会进行，同时整合成立新的管理机构。制订市资源环境城乡区域统筹发展规划、全市国民经济和社会发展总体规划、城乡总体规划、土地利用总体规划的职责整合划入市规划编制委员会，其他职责整合划入市国土资源和城乡规划管理局（云浮市规划编制委员会，2014）。

在规划编制与管理方面，可以通过各部门间达成共识、密切沟通等形式推进规划协调。"两规"要在城镇发展方向上确保一致，一般情况下，由城市总体规划确定城市发展空间战略，确定城市的重点发展方向和区域（尹向东，2008）。在具体操作上，可以以城市总体规划为指导，对于近期建设规划与五年发展规划进行"滚动"协调编制，并以此为基础完善年度投资计划和国土年度土地供应计划，为规划分期、分步实施及项目建设提供重要依据和保障（张月金、王路生，2012）。以经过审批的城乡总体规划作为指导城市各项工作的纲领性政策，对土地利用总体规划、环境保护规划以及各类专项规划就衔接对象、措施、原则等方面提出指引，为各部门、各区县提供统一的实施与协调的平台（徐东辉，2014）。

武汉市于2011年在管理流程设计中强化了促进"两规"融合的步骤。在管理流程设计中，建设项目选址、建设项目用地预审、新增建设用地报批环节、国土规划联合执法等环节都以"两规"为技术依据，同一层级规划的修改调整应实现"两规"的同步论证和调整。创新新增建设用地管理制度，以其作为实施近期建设规划和土地利用总体规划的重要手段，强调城乡规划对于空间布局的引导（马文涵、吕维娟，2012）。"两规"各自管理环节中都充分考虑对方已有规划和审批文件，对规划进行调整时也注重对同一层级对应规划的调整。武汉在"三规融合"探索方面也走在前列，已经形成"三规"间良好的协作关系。在城市总体规划修编前期，组织发改部门直接参与编制专题研究，自"九五"时期以来，规划部门每次都参与了国民经济和社会发展规划的编制，负责编写其中与空间相关的内容（韩高峰等，2014）。

重庆市"多规协同"的工作经验包括"共编""共管"的规划协同机制。"共编"指规划部门和相关部门共同进行规划编制、规划部门进行全域管控和协调的思路。具体而言，规划部门负责重大规划编制任务的分解，并分配到相关部门。统一规划编制的制图标准，督促各编制单位使规划保持协调。"共管"指各部门使用共享信息平台，建立定期评估机制等（余颖等，2015）。这套机制在规划编制和管理过程中都推进了"多规融合"进程。

成都市在县镇综合规划中落实了"两规"同步编制，并在协商规划方面取得进展。按照《成都市城乡规划条例》，乡（镇）综合规划由乡（镇）人民政府负责委托相关具有资质的设计单位进行编制，建设规划与土地利用总体规划修编同步开展，最后实现成果集成，两规合一。由市领导小组办公室组织国土和城乡规划部门专家、领导共同组建联合审查机构，对乡镇综合规划总体规划核心内容进行成果验收。协商规划理念得到落实，在关系到广大乡镇居民的切身利益的规划决策过程中，充分征求乡镇当地居民意见，区（市）县国土规划主管部门、乡镇村政府以及规划设计小组均全程参与到综合规划技术编制、政策制定和设计方案实施的各个环节中（蒋蓉等，2013）。

广西的贺州市是2014年国家发展改革委、国土资源部、环境保护部以及住房和城乡建设部四部委联合确定的"多规合一"试点地级市之一，贺州市探索了从供给侧促进"多规合一"的新机制。其核心做法是土地利用总体规划要在落实宏观的"规模刚性"的基础上，通过微观的"布局弹性"适应经济社会发展变化需要，通过所谓的"双层规划"来进行解决。双层规划就是把确定性的项目规划在城市建设用地范围内，把意向性和不确定的项目用地按产业用地预留并撤销原来项目清单，这样通过确定性和不确定性的有机结合，在坚持土地利用总体规划刚性约束的基础上，增加了灵活性（陈书荣等，2016）。

总之，对协调机制的地方探索实践是规划协调研究领域的一个重要方向。也有学者从战略目标协同、知识协同和机制组织协同三个层面对规划协调机制问题进行了总结。战略协同是指各部门在空间资源开发理念等方面具有战略导向性的协同，知识协同则是在规划技术和数据、方法方面的协同，机制组织协同则是指创新管理模式方面（刘燕等，2017）。胡鞍钢（2016）则提出"多规合一"是手段而不是目的，必须要有创新理念的引领，调动各方面的积极性、主动性和创造性，使政府有形之手、市场无形之手和市民勤劳之手同向发力，也是关于规划协调机制方面的重要论断。

2.2.3 规划体系

城乡总体规划层面的"三规合一"内容多包括发展目标的统一、土地规模总量统一、空间布局协调布置、确定空间管制政策等内容。对于"多规融合"的尺度分析发现地市级规划融合实践多停留在总规层面，个别进入到控规层的实践一般也都是将任务分解到区县或者乡镇尺度具体完成，区县级被认为是最适合进行规划融合的尺度（佟彪等，2015）。区县级行政区有利于纵向上下互动和横向部门左右衔接协作，从区县级行政区开展"多规融合"试点具有探索机制体系创新、突出地方特点和机动性强的特点（朱德宝，2016）。如在浙江省，县市域总规是"两规"衔接的创新点，浙江省"两规"衔接通过将县市域总规和"两规"衔接专题报告法定化、制度化来推进，通过《浙江省城乡规划条例》使县市域总规法定化，《关于切实加强县市域总体规划和土地利用总体规划衔接工作的通知》使得"两规"衔接专题报告成为县市域总规的必要组成部分（吕冬敏，2015）。

构建新型城乡规划体系是规划协调的重要基础性改革（图 2.1）。城乡规划在城市中心区（包括建制镇镇区）处于无争议绝对主导地位，"三规"之间的矛盾主要集中于区域空间层面，"三规合一"的关键是主体功能区规划、土地利用总体规划与城镇体系规划三者的合一。创新城镇体系规划要整合加入主体功能区规划和土地利用总体规划相应内容，构建以区域空间结构、城镇空间结构、生态空间结构、交通空间结构为主要内容的新型城镇体系规划（张泉、刘剑，2014）。在区域层面整合"多规"，为较微观层面的规划整合提供基础与背景。

武汉市国土资源和规划局于 2011 年开始"两规"融合的新探索，构建"两规合一、多规支撑"的规划编制体系。该体系以土地利用总体规划和城市总规

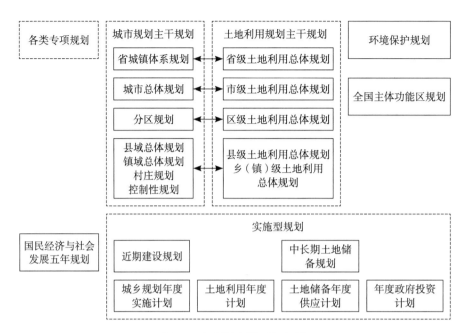

图 2.1　规划编制体系框架图

划为核心，以近期建设规划为重点，以乡镇总体规划和控制性详细规划为基础，以各类专业、专项规划为支撑。其框架可以概括为"两段五层次，主干加专项"，其中，"两段"指导控型规划和实施型规划。导控型规划分为三个层次，以土地利用总体规划的"市—区—乡"分别与城乡规划的"总—分—控"三个层次进行对接。实施型规划分为两个层次，即近期实施型规划（规划期限一般为五年）和年度实施型计划（马文涵、吕维娟，2012）。《武汉市城市总体规划（2010—2020）》中的市域城镇体系结构总体来看层次分明，更为关注城区和镇区构成的区域增长极。《武汉市土地利用总体规划（2006—2020）》中的市域城镇体系主要基于行政区划，强调行政区划的完整性。以乡镇规划作为城乡统筹有效的结合点，以农村居民点体系作为城镇体系的有力补充，在都市发展区构建扁平化结构体系，而在农业生态区适度优化等级结构体系（胡飞、徐昊，2012）。

上海在"十一五规划"中提出"中心城—新城—新市镇—中心村"四级城乡规划体系。新市镇是城乡结合最紧密的地区，其总体规划与土地利用总体规划之间的矛盾和冲突尤为突出。在"两规合一"背景下，通过建设用地指标逐层分解、基本农田控制以及"基本生态网络"等专项规划的编制，对于新市镇建设规模和布局的宏观调控得以强化（许珂，2011）。规划思路更为务实，规土之间取长补短，统筹城乡发展。

近期建设规划是"多规融合"在实施方面的有效协调平台。2002年，《国务院关于加强城乡规划监督管理的通知》规定近期建设规划要与"五年计划"同步编制。2008年实施的《城乡规划法》第三十四条规定："城市、县、镇人民政府应当根据城市总体规划、镇总体规划、土地利用总体规划和年度计划以及国民经济和社会发展规划，制定近期建设规划"。近期建设规划成为我国法定城市规划体系中独立的重要组成部分，是"城规"在五年序列中与"发展规划"及"土规"的衔接平台（林盛均，2013）。构建"年度实施计划"平台可以使城市规划完善编制时间序列，与政府实施核心环节——国民经济与社会发展年度计划、年度政府投资进行有效衔接。

从深圳"三规"协调的经验来看，近期建设规划及其年度实施计划成为实现"城规"与"五年规划"对接与协调的重要途径，意图构建以近期规划为核心的城市空间政策操作平台，形成"城规"与"五年规划"协同编制和实施的机制以及协调统一的空间政策体系（邹兵、钱征寒，2005）。从2010年开始，深圳市将近期建设规划年度实施计划和年度土地利用计划合二为一，编制"规土合一"的近期建设规划和土地利用年度计划（牛慧恩、陈宏军，2012）。

在"两规合一"背景下，控规的土地政策属性体现更加直接。控规需要反映不同主体的利益诉求，规划调整需求将会增加，也更加关注乡村地区规划发展。上海市基于两规合一的控制性详细规划工作框架分为总体规划、控规管理和项目管理三大模块，控规编制具有"全覆盖、全要素、全过程、全关联"的特点，全覆盖指将市域范围内城市建设区和乡村地区作为一个整体进行通盘考虑；全要素指在控规编制过程中为重点地区、一般地区、远郊地区合理设定刚性要素和弹性要素；全过程要求编制过程全程公开、透明；全关联指控规是联系总体规划与项目建设的中间环节，也与土地规划管理中的新增计划、土地出让方式关系密切（姚凯，2010）。在规划协调要求下，控规的内容将更为全面，各类指标设定也会更加科学，更符合土地规划管理、土地出让的需求。

广州市核心区控规也较好衔接了土地利用总体规划。核心区控规以广州市城市总体规划中对天河智慧城的功能定位为指导，结合其他相关规划确定片区重点项目库，据此提出用地需求。重点项目库报区发改部门审定后，确定片区发展的五年重点项目，再根据项目发展需求协调落实项目选址和规模。天河区作为独立功能片区单独编制功能片区土规，将控规与土规进行对比，对二者有冲突的土地按照不同类别进行衔接（吴晓，2014）。控规在与土地利用规划、重点项目发展等内容协调上作用愈加显著。

在上海的实践中，土地储备规划以城市规划作为最主要的依据，土地储备规划要在土地利用总体规划、城市总体规划和城市近期建设规划用地布局结构基础上，充分考虑土地利用总体规划和城市总体规划确定发展战略和要求，就初步规划内容征询建交委、发改委、商务委等各条专业职能部门意见，根据各专业部门结合各条线发展需求对土地储备规划提出反馈意见（顾秀莉，2010）。在土地供应计划方面，上海市已经有一些探索经验。在年初制定年度经营性用地供应计划时，会对拟入市的具体地块从城市规划实施角度进行综合分析、筛选和排序。此外，在土地入市前市规土局会组织相关部门开展会审研判，增加最后的把关程序，建立经营性用地入市研判制度（范宇，2014）。

近年，国土空间规划体系的研究成为学术界关注的一大热点领域。吴顺民、李进（2020）对比了新旧国家规划体系，认为与旧体系中各部门自成一套体系不同的是，新时期的国土空间规划体系明确了要建设统一的国家规划体系，包括国家、省、市、县、镇五级总体规划编制体系，详细规划如城镇开发边界的控制性详细规划，专项规划如特定区域或行业的专项规划；在规划内容上，新规划体系强调了下位规划遵从上位规划的"纵向传导体系"，逐层进行编制，强化规划权威，改进规划审批和监督规划实施。毫无疑问，在国土空间规划体系的建设中，应该强调生态文明建设的总体目标，国土空间规划体系建设应该秉承生态文明建设优先的意识，增强以环境生态为导向的规划分析，探索生态文明新模式（谢美娇，2020）。也有学者强调把生态系统服务作为空间规划面向公共福祉的政府选择，在空间规划体系中通过强调资源环境承载力、生态保护红线、生态修复任务和目标等生态环境保护内容，反映对生态系统结构、功能和过程的考量，从而影响生态系统服务生产驱动的合理性和服务供给的公平性以及最终人类福祉的增减（李睿倩等，2020）。陈志诚、樊尘禹（2020）立足厦门市空间规划体系改革实践，在机构改革新背景、国家国土空间规划体系新要求下，对构建城市层面国土空间规划体系进行展望，从国土空间规划体系系统构建与规划实施两个层面，提出将城市设计体系、乡村振兴规划体系、规划实施体系与国土空间规划体系进行有机融合，以国土空间总体规划统领城市空间规划序列，覆盖全域要素深化国土空间专项规划体系，面向审批管理创新国土空间详细规划体系，衔接开发时序构建国土空间规划实施体系，真正实现"多规合一"的国土空间规划体系。陈志诚和樊尘禹（2020）的这一研究对于新时期国土空间规划体系的构建具有重要的启发意义。《城市规划》2020 年第 1 期组织了国内的一批著名城市规划学者，包括孙施文、刘奇志、邓红蒂、黄慧明、张菁、郑筱津、张尚武、林坚，针对"国土空间规划怎么做"，发表了他们所撰写的"笔谈"，总体结论是国土空间规划作为生态文明建设的空间载体，从规划内容上需要建立全域、全要素、全过程的管控体系，要构建人地和谐的国土空间新格局和推动治理体系的现代化，其核心包括"一个统一"，即自然空间与发展空间的统一，和"四个过程"，即从底图到蓝图、从负面清单到正面清单，从土地利用到自然资源资产管控，从部门专业规划集成到全社会行动纲领再到社会治理。上述结论对于研究国土空间规划体系具有重要的指导意义。

总体上看，近年学术界所开展的国土空间规划体系研究这一课题，也是为了在全国顺利推进国土空间规划而相应地需要在理论层面进行探索的重要课题，国土空间规划体系理论研究的成熟无疑会为国土空间规划实践的开展奠定扎实的理论基础。理论上讲，国土空间规划体系的理论建设应该先于规划实践，然而，事实并非如此，显而易见，任务需求导向的国土空间规划在时序或规模上都没有实现相应理论研究的匹配，这倒是符合"任务带学科"的模式，当然这种状况并不妨碍在实践探索近于成熟的后期再在理论上进行总结并取得丰硕成果。

2.2.4 技术改革与创新

1. 基础数据与规划年限的统一

不同类型的规划需要在土地基础数据、用地分类、人口统计口径上进行衔接（刘晶妹、郭文炯，1998）。城规和土规在现状调查和规划信息来源方面不一致，土地利用规划采用历年土地利用现状变更调查成果，城乡规划的现状调查由规划工作者对照最新地形图和影像图经现场勘察后绘制，这使得"两规"在建设用地的规模和布局、自然山体、湖泊和河流的边界线上有出入。城市规划部门统计的城市建设用地往往包含已划入城市总体规划区的、还没有建设的郊区或部分农村也计入城市现状用地，土地部门城市建设用地则仅包含实际成为建设用地或已办理了建设用地手续的用地（杨树佳、郑新奇，2006）。"两规"编制所依据的用地分类不统一，现有标准并没有考虑两种规划间用地分类的衔接。

应当统一人口的统计范围，合理确定人均用地指标。建立"两规"统一的土地利用分类体系和数据体系。依据统一的坐标体系、协调后的土地分类标准、用地指标体系和土地控制形态等，建立统一的管理信息系统，包含现状与规划等基础数据。管理平台同时叠加土地利用规划以及各类城市规划数据，各类信息综合集成。

在广州新一轮"两规"编制实践中，从基础数据统计口径等方面进行了协调和衔接。"两规"使用统一口径的社会经济、人口、土地利用现状数据。社会经济数据以基准年份统计年鉴为准，人口采用广州市公安局统计的常住人口数据，土地利用数据采用国土部门的土地变更调查数据。针对"两规"用地类型之间的差异，对"城镇建设用地"的处理以城市总体规划所采用建设用地标准为依据。规划基础分析包括生态本地分析和城市增长分析等（王国恩等，2009）。武汉市规划研究院研究制定《武汉市乡镇总体规划编制技术要点》，从调查分析、方案融合等多方面提出具体要求，并规定成果要可分可合，既保证合并后体系的完整性，又保证拆分后可满足各自报批要求（肖昌东等，2012）。这一措施在现有规划审批体制下较好地兼顾了规划协调编制与不同部门审批之间的需求。

不同规划间应当协调规划期限，形成统一规划时序。为加强各项规划之间衔接与协调力度，各规划编制部门间应统一规划编制期限（袁磊、汤怡，2015）。有学者认为市县发展总体规划可以分为两部分内容：一部分是依据主体功能区制定空间发展战略内容，规划年限可以15~30年，或更长远的时期，作为城市总体规划、土地利用规划、中长期生态红线及生态保护规划制定依据；另一部分是近期（五年）发展任务内容，制定经济社会活动目标、建设重点和空间，据此制定各项近期建设开发规划和制度建设（陈雯等，2015）。对于区域发展总体规划而言，规划期限可以分为三个层次，第一层次为区域发展总体规划，规划期限20年；第二层次包括国民经济和社会发展规划、城市总体规划、土地利用规划、环境保护规划，规划期统一为5年；第三层次是国民经济和社会发展实施计划、城市近期建设规划、土地供应计划，期限为1年，将国民经济和社会发展规划重大项目在城市规划进行年度落实（顾朝林，彭翀，2015）。统一同一层级不同类型间规划期限是规划间达成协调目标的必要前提。

2.建立"一张图""一张表"与统一规划管理平台

在平台构建方面，一些城市已经通过规划整合，形成"一张图""一张表"和"一个信息平台"。以GIS技术为支撑，在统一标准（含坐标系统、数据等）基础上，将空间内城市相关主题要素以"一张图"的形式集合展现，将"三规"所涉及的用地边界、空间信息、建设项目、各类控制线等信息融合统一到一张图上（潘安等，2014），实现多种专题地图共享。形成有统一视图、统一尺度、统一内容的权威信息参考，支持信息浏览、查询统计、分析决策等业务服务支持（郭理桥，2014）。可以结合国民经济和社会发展规划，构建城市发展的核心指标体系，选择城市规模、土地产出效率、基础设施等反映社会、经济、生态文明建设和文化的指标，在"一张表"上体现"多规融合"。建立信息互通机制，实现部门间信息联动共享的公共平台，可以提升多部门协调工作的效率。此外，可以运用统一平台进行信息公开、社会治理等任务。河源市、云浮市、广州市、深圳市、武汉市、重庆市、厦门市等城市都已经建立统一的规划信息平台。

厦门市"一张蓝图"在规划协调规程中整合原先互相冲突的约12.4万个规划图斑，主要由三张图组成。第一张图确定生态控制线、城市开发边界及城市空间容量，第二张图表示生态控制区里面的细化内容，第三张图是城市开发边界细化内容，明确生活空间和生产空间划分，以及重大基础设施和公共服务设施布局（王蒙徽，2015）。构建的全市统一的空间信息管理协同平台实现多部门规划资源共享，且市、区两级业务协同平台互联互通。云浮市在"三规合一"地理信息平台建设方面运用的关键技术包括：地理坐标统一、基础地理信息整合、规划成果建库、规划实施信息入库与动态更新接口、统一的规划编制平台、基于规划标准的决策专家知识库、规划空间冲突检查专家系统（王俊、何正国，2011）。"多规合一"规划信息平台的建设，可以实现空间信息共享、审批流程再造、部门会审协同、项目并联审批，大大提高审批效率（张志强等，2017）。

3. 城乡用地分类与土地分类衔接

"两规"分别采用城市用地分类和土地利用分类标准。两个标准在城市建设用地、绿地、特殊用地和对外交通用地等用地类型界定上并不衔接。一些学者对于两个用地分类体系中的对接关系进行了总结，提出对接焦点在于城乡居民点建设用地、城市建设用地分类中的"绿地"、区域公用设施用地、特殊用地以及非建设用地（柴明，2012）。

城市总体规划通过对规划期内人口规模和城市化水平的预测，结合人均建设用地指标，得到城市建设用地规模。土地利用规划则是自上而下由上一层规划指标逐级分解。根据不同计算方法，两规得出的建设用地规模常常存在差距，例如在《广州市城市总体规划（2001—2010年）》中，全市层面和一些区域2005年建设用地控制指标都远远超过《广州市土地利用总体规划（1997—2010年）》中制定的2010年城市用地规模控制指标（王国恩等，2009）。两规人口以及建设用地规模预测需要统一基础数据、协调预测方式，进而在同一时期得到一致结果。

武汉市在两规用地分类衔接方面得到一些探索经验。在武汉乡镇总体规划中制定《城乡用地分类与土地规划分类对接指南》和《武汉市城市用地分类标准指南》，两个规划仍采用各自的分类标准，之后在镇域层面进行城乡用地分类与土地规划分类的对接。在镇区层面，土地规划不再对城镇建设用地进行细分，但城乡规划采用《武汉市城市用地分类标准指南》（肖昌东等，2012）。乡镇作为联系城乡的过渡地带，用地矛盾尤为突出，实现乡镇级"规土融合"对于调控城市边缘区用地矛盾、实现城乡统筹发展具有意义（冯健、钟奕纯，2016），而两规用地分类的衔接无疑是实现乡镇级"规土融合"的重要一环。

4. 空间管制衔接

建立统一的空间管制分区以解决城乡发展和保护规模、边界与秩序问题是"多规合一"的核心内容。在城市用地发展方向上，城市规划关注城市发展潜力空间，土地利用规划更注重农业生产和环境保护。二者分别从供给端和需求端对空间利用进行规划，土地利用总体规划强调优先保护耕地，对建设用地的供给推行供给制约和需求引导，城市规划强调城市发展的需要，传统模式是外延式扩张，占用许多城市郊区优质耕地，形成两种规划的对立（杨树佳、郑新奇，2006）。土地利用规划是自上而下、用"以供定需"应对建设用地刚性约束，城市规划是自下而上、用"以需定供"应对建设用地的需求（王勇，2009）。为厘清城市发展与保护耕地、生态环境之间的关系，有序合理发展城市，引入达成共识的空间管制是一种高效手段。空间管制从本质上来说应该是对土地开发权的许可，这种许可从根本上来讲只有两类：即允许开发建设和不允许开发建设（杨玲，2016）。空间规划应当由对于"做什么"的思考转向"不做什么"的思考（辛修昌等，2016），加强永久基本农田保护控制线、基本生态红线控制线、弹性城镇空间增长边界、刚性城镇空间增长边界和建设用地规模边界控制线等空间管制控制线的划定管理。

多类规划在空间管制分区中的规定不衔接。《城乡规划法》要求在城市、镇总体规划中划定适建区、禁建区和限建区，并辅以城市黄线、绿线、蓝线、紫线进行管控。根据《市县乡级土地利用总体规划编制指导意见》，土地利用规划划定允许建设区、有条件建设区、限制建设区和禁止建设区。主体功能区规划根据《关于编制全国主题功能区规划的意见》将全国分为优化开发区、重点开发区、限制开发区和禁止开发区。环境功能区划中空间管控分为优化准入区、重点准入区、限制开发区和禁止准入区。四类空间规划分区划分不尽相同，不同划分标准中的分区类型虽然表述相同，但含义存在差别。例如土地规划对禁建区的内涵界定强调了对现状自然资源和生态环境敏感区的保护，管制更严格，而城乡规划中的禁建区除现状应予以严格保护的生态用地外，还包括规划应予以控制的生态走廊、风景旅游区的核心区用地等（马文涵，吕维娟，2012）。空间管控途径主要有两种：一是，自成体系、独立划定、审批和立法；二是，融入现行的法定空间规划体系来实现其法定化。前者的例子包括深圳、武汉等城市划定基本生态控制线，并颁布《基本生态控制线管理规定》，成都编制《环城生态区规划》，并出台《环城生态区保护条例》（姚南、范梦雪，2015）。空间管控的核心是要统一不同规划的管控类型，在一个空间上形成空间－政策绝对对应的管控形式。

城市开发边界起源于美国，是遏制城市无序蔓延、对城市增长进行管控的一种空间管制手段。城市增长边界是一种多目标的城市空间控制规划工具，力图引导城市适度合理开发，规避风险地区和保护生态敏感地区，提高基础设施和公共服务设施的使用效率（王颖等，2014）。针对我国城市快速增长的实际背景，城市增长边界既需要划定永久不可开发的战略性保护区"刚性"底线，也需要预留城市周边适度发展的动态"弹性"边界。城乡规划"三区"中的禁建区边界是刚性城市开发边界的重要组成部分，"四线"的界限应作为刚性城市开发边界组成部分。土地利用总体规划中的"规模边界"内符合城市发展需求的城镇建设用地可以包含在弹性城市开发边界中，"扩展边界"是弹性城市开发边界在土地利用总体规划期末可能达到的极限状态，"禁建边界"与刚性城市开发边界相叠合（程永辉等，2015）。城市开发边界都必须与其他并行规划的空间管制相协调。

《武汉市城市总体规划（2010—2020）》中将市域划分为都市发展区和农业生态区。《武汉市土地利用总体规划（2006—2020）》将全市划分为中心城优化建设区、重点镇及产业集中建设区、生态用地区、基本农田集中区四个土地利用区。两者空间布局较好地进行了衔接。镇域用地规划图和镇域土地利用总体规划图统一划定城镇建设用地扩展边界和生态保护底线，引导人口和产业合理集聚，保护城镇生态安全（肖昌东等，2012）。武汉市乡镇总体规划中提出"三线四区"概念，统一"两规"的空间管制分区。其中，"三线"指城镇建设用地规模边界、城镇建设用地扩展边界和生态保护底线；"四区"指允许建设区、有条件建设区、限制建设区和禁止建设区（马文涵、吕维娟，2012）。武汉市"规土融合"工作较成熟的技术和管理经验的核心在于"刚性"与"弹性"的兼容，在禁止建设区域强化刚性，在适宜建设的区域体现弹性（冯长春等，2016）。武汉在已有工作的基础上，将城市开发边界与永久基本农田、基本生态控制线相协调，进行"三线统筹"划定工作。

上海市"两规合一"的成果主要为全市建设用地"一张图"和"三条控制线"（基本农田保护控制线、城乡建设用地范围控制线、产业区块范围控制线），对于基本农田保护控制线采用强控制模式（胡俊，2010）。

南宁市对空间进行了划分与管制。按照市域、市区（规划区）等进行分级考虑。其中，市域范围划分为都市发展区、城镇密集区、生态保护区和协调发展区，并提出相应的规划控制要求；市区（规划区）范围划分为禁建区、限建区、适建区和已建区，并提出"四区"分区管制政策和要求。这两个层次的空间分区划分充分考虑与国家、自治区的主体功能区划分、南宁市土地规划的生态功能区划分以及发展规划提出"创建生态文明示范区"的目标要求进行有效衔接，在空间划分和具体分布上实现协调统一（张月金、王路生，2012）。

生态保护红线的确立对于划定生态空间、生产空间和生活空间有重要意义。参照《国家生态保护红线——生态功能基线划定技术指南（试行）》，地方政府可因地制宜开展地方级红线划定。生态保护红线直接控制城乡总体规划中的禁建区，城乡总体规划中的限建区和适建区由优化生态控制线控制，并与规划区中的蓝线、绿线、黄线和紫线进行衔接。优化生态控制线同时可衔接土地利用总体规划中的生态用地安排（任希岩、张全，2014）。《凯里—麻江城市总体规划修编（2014—2030）》以生态环境保护类规划为基本保护框架，协调城乡规划和土地利用总体规划建设用地布局，落实国民经济和社会发展规划的重点建设项目及发展区域，控制线划定以"刚弹结合"为原则，刚性控制线为城镇开发边界、一级生态控制线和永久基本农田边界，弹性控制线包括城乡基本生态空间边界、城镇建设边界和产业区块边界（任庆昌等，2015）。

空间管控需要以法律形式予以确定。基于我国现行的法律规定，"多规合一"尚未纳入法定规划编制体系，其刚性规划成果不被法律确定则缺少管控效力，"三规"各自空间管制的法律地位需要通过完善相关法律并由编制部门制定相应部门规章来保证落实（王国恩、郭文博，2015）。各类空间规划的法律关系不明晰影响到不同级别不同规划之间以及编制过程中各个环节、各个方面关系的有效理顺，由于部门利益会对规划编制产生一定的干扰，而相关法律的缺失必然会影响规划的执行力并造成规划体系的混乱状态（安济文、宋真真，2017）。在这方面，厦门的经验值得借鉴。厦门市将生态控制线、建设用地增长边界控制线等纳入地方立法，以法律形式规定管理主体、管控规则、修改条件和修改程序，强化规划效力。

2.3 研究的不足与展望

近年来关于规划协调研究的广泛性有所增加，主题更加突出。对于规划协调技术研究已经十分充分，地方制度改革和规划协调实践也总结出许多探索经验。但该领域的研究仍然存在一些不足之处，尚未形成成熟的规划协调研究的理论框架，缺乏从理论层面开展规划协调的学理分析。

2.3.1 研究不足之处

1. 理论层面研究不足

已往研究大多着眼于规划协调技术、协调机制、地方规划实践等方面，对于规划协调理论研究挖掘不多。许多针对规划协调的研究虽都涉及协调内容，但主要还是侧重于各类规划不协调的现象、原因、协调途径和措施的通盘考虑，对需要协调内容的研究尚未形成理论体系。相关研究所涉及的基础规划理论包括可持续发展理论、"反规划"理论等一些理论，在理论广度上有待拓展，对于理论的阐释有待加强，这种研究状况导致规划实践与规划理论之间无法进行充分和良好互动，实践经验无法升华成理论，理论研究难以指导现实实践。本书在下文中从政治经济学的研究视角，在"空间辩证法"的指导下构建起制度设计动机与空间利用的逻辑关系；以此为核心，梳理新中国成立以来城市规划与土地利用规划相互关系的发展历程，逻辑推演我国相关制度变迁在其中的催化作用，以便为理解中国规划协调发展提供一种新的理论视角。

2. 技术体系总结有待深入

已往研究虽然从总体来看对于规划协调技术总结较多，但多着眼于具体的研究个案，许多技术只提出了架构，对于核心内容和具体实践的提炼还有待加强。本书以武汉市规土融合各方面实践经验为基础，从创新规划体系、协调技术体系、覆盖城乡体系、整合管理体系四方面全面总结了技术创新实践。在技术体系创新方面，详细介绍武汉"两规"人口规模与建设用地规模的确定、"空间结构"与"空间管制"的协调落实以及用地分类对接。此外，本书还介绍了武汉市"一张图"管理平台，该平台在时间维度上系统梳理历年来各项规划，在空间维度上，以控规和乡（镇）土地利用总体规划为基础，叠加各项规划对每个地块的发展建设要求。通过对武汉"规土融合"技术的系统介绍，力争对以往相关文献的未尽处有所补充。

3. 清晰明确的空间规划体系有待进一步探讨

"多规融合"虽然在多个尺度、规划类型上得到多元化实践，但离形成全国统一、相互衔接、分级管理的空间规划体系还有一定的距离。此外，对于环境规划在"多规融合"中的地位和作用缺乏明确表达。空间规划协调研究对象主要集中在主体功能规划、土地利用规划、区域规划、城乡规划等大类，这些规划虽然都涉及环境内容，但并未形成规范性、权威性的一致表述。应当将环境规划引入空间规划体系，确定其功能定位，为环境规划确定硬性约束条件。令人欣喜的是，这方面最近已引起学术界的关注，并有探索性成果问世（魏广君，2020）。总之，明晰各类空间规划间的逻辑关系，从顶层设计到规划落地实施都建立起完善的规划体系框架。

此外，已往研究对于顶层规划的探讨还有待加强。顶层规划应具有综合性和战略性特征，强调全面性与广阔平台，应着眼于国土空间利用的基础性、长期性、全局性、战略性和关键性问题，提出空间利用战略与总体布局，统筹安排生产、生活和生态三大功能，成为各类规划编制的基本依据（黄勇等，2016）。基层规划要注重实效性和可行性，努力打破部门障碍，高效整合指导区域发展。地方层面进行制度改革可以形成协调性规划，但如果顶层设计未同步跟上，在规划的上报审批方面会产生障碍。

2.3.2 进一步研究展望

规划协调研究从"两规合一"或"规土融合"逐步发展到"三规合一""多规融合"，研究范围逐渐变广，协调内容迅速增加。一方面，未来研究可以继续对过去近20年规划实践中不同种类和层次的专项规划进行深度概括总结，结合地方探索实践，完善和丰富对于各类规划间协调机制的研究。同时注重理论思辨对规划技术的启示，促进规划实践升华为规划理论。未来研究也可以在已有研究成果基础上，结合当前的生态文明建设导向以及国家对谋划新时代国土空间开发保护格局的最新精神，建构一个自上而下与自下而上、综合和专项规划全覆盖的国土空间规划体系，以实现国土空间格局优化。

另一方面，无论是"规土融合（两规合一）"，还是"三规合一""多规融合"，对它们的探索性实践在中国城市规划史上都留下了浓重的一笔。今天，这些话题仍然具有理论思考的价值和意义，因而需要专门从理论的视角对它们开展系统的研究。从多学科交叉的视角对它们的形成演化过程和发展机理、核心矛盾的形成机制以及国外的相关经验等开展学理性分析，对于建立有中国特色的城市规划理论无疑有重要意义。这也是本书写作所立足的研究问题和思考视角所在。

第三章　"规土关系"演变进程及形成机理

"规土关系"本身是一个极具中国特色的研究议题，是基于我国"城规"与"土规"之间相对独立的发展体系所提出的。梳理"规土关系"，对于理解"规—土"各自为政的历史必然性有着重要意义，因而也是客观、全面地认识"规土融合"所不可缺少的基础性研究。

通过同步重演"规—土"两大空间规划体系各自的发展轨迹，首先厘清二者在历史过程中的相互作用与影响；同时从行为主体特征与生产模式变迁中发现空间生产方式转变脉络；再将两条发展轴置于时间维度进行对比。由此，一方面以规划内涵的演化为依据，有理有据地划分出"规土关系"演变经历的主要阶段；另一方面，挖掘关系演进中政治经济诱因，借助空间政治经济学的视角研究二者关系动态演化过程中的内在规律，为理性认识现状、科学判断融合趋势奠定基础。

3.1 "城乡分工"阶段（1949—1977 年）

3.1.1 关系特征

城市规划在我国各类空间规划中起步最早（杨荫凯，2014），"一五"计划期间便得到积极发展。我国这一阶段的城市规划受苏联影响深刻，尤其在城镇化发展依托建设大型生产基地方面，使我国该阶段的城市规划主要集中力量于支持城市的工业化建设。因此，该阶段的城市规划实质上是经济计划在空间上的具体安排，主要任务在于将经济计划所确定的建设项目落实选址（周建军，2008）。好景不长，在此后特殊时代的发展国策指引下，先后进行了"规划大跃进""人民公社规划""分散建设"等具有较大局限性的低效改革，甚至一度陷入停滞状态

（邹德慈，2014）。这阶段，我国城市规划虽走了许多弯路，但也构建出一定的行政管理系统，同时对编制内容与程序方法形成基础认识，并产生相应的技术体系。以武汉市为例，1953 年武汉市编制《城市规划草图》；此后，为配合国家拟在武汉部署的一些规模巨大的重点工程项目，如武钢、青山热电厂、武重、武船等，1954 年底编制出台了以为大型工业建设服务为重点的《武汉市城市总体规划》（武汉城市规划志）。1956 年，国家要求地方编制国民经济和社会发展十二年计划，武汉市响应编制《武汉市城市建设十二年规划（1956—1967）》，该版规划中明确指出城市建设方针是"为工业建设、为生产、为劳动人民服务，保证工业建设和生产的需要，适当满足劳动人民的物质、文化生活要求"（武汉城市规划志）。随后，在大跃进的错误指导下，城市规模、用地布局等方面均严重突破了之前的十二年规划方案，于是武汉市在 1959 年本着从实际出发的角度重新编制《武汉市城市建设规划（修正草案）》，然而该版规划编制的重要依据仍然为工业建设计划。总的来说，武汉市该阶段城市规划修编频繁，但始终不变的是规划编制的依据都依附于国民经济和社会发展计划，规划的重点内容均为支撑工业快、好发展（表 3.1）。

1949—1977 年间武汉市城市规划编制情况　　　　　　表 3.1

编制年代	规划名称	编制背景
1953 年	《武汉市城市规划草图》	国民经济建设"一五"计划实施首年，为应对城市建设迅猛发展，指导城市各项建设有序发展。
1954 年	《武汉市城市总体规划》	国家确定在武汉市兴建一批规模巨大的现代化工业。
1956 年	《武汉市城市建设十二年规划》	武汉地区国家建设项目增加，同时国家要求地方编制国民经济和社会发展十二年计划。
1959 年	《武汉市城市建设规划（修正草案）》	经历大跃进之后，实际发展严重突破十二年计划，武汉市因此调整了原先的工业建设计划，同时对城市建设规划进行修编。

资料来源：整理自《武汉市城市规划志》

相较之下，我国最初土地利用规划的概念引自苏联，当时被称为"土地整理"，直到 1956 年才正式改称"土地规划"（唐兰，2012）。然而，此时的"土地规划"与现在所提的"土地利用规划"内涵上具有较大区别。当时的"土地规划"主要是在农业合作化背景下展开的国有农场规划，重点关注广大农村地区的土地利用，以耕地为重点，也涉及相关农业生产设施布置，旨在指导农业生产布局和组织，管理的内涵大于规划。此外，由于以地块设计为主，规划存在覆盖面小而零散的问题（董黎明、林坚；2010）。

综上，建国初期到改革开放以前，我国的城市规划与土地规划均获得一定发展。最显著的特点在于明确城乡分工：城市规划关注工业城市，规划初衷在于服务工业生产；土地利用规划关注农村地区，规划初衷在于服务农业生产。这样的分工一定程度上奠定了两规"各自为政"的历史基础，加上此时土地利用规划的规划对象单一，对以后发展为相对系统、综合的土地利用总体规划指导价值较弱，致使在此后一段之间内"土规"的发展较之"城规"相对滞后。

3.1.2 关系形成机制

（1）行为主体特征：中央政府引领、统一价值取向，主体分化逻辑体现为工作程序的物理分工。

新中国成立之初，国家的计划经济体制确立了用行政力量取代价值规律的资源配置逻辑，在公有制基础上以国家的计划理性决定社会生产方向（武廷海等，2012）。在这样的宏观环境下，我国当时空间利用逻辑受国家发展策略的绝对影响，中央政府是空间生产最主要的行为主体，其通过出台规划实现对空间资源配置、对空间布局规范、对公共产品供给。此外，各种行政级别和具有功能分工的单位是当时空间生产的基本单元，并以工业单位最具发展优势（马学广，2009）。因此，当时国家的空间生产过程中，形成以国家为决策主体、以功能单位为执行主体的生产关系，这种自上而下任务下放执行的模式，中央精神贯彻始终，只是随着行政权力级别的降低而实现一种由战略向策略的解译过程。因此，空间规划当时只存在决策主体和执行主体的区别，并且是一种建立在工作程序分工逻辑上的主体分化，而非建立在利益分配机制上的利益分化，此时空间规划体系受决策主体内部分化影响较大。

1949年7月，中央人民政府政务院下设内务部，内务部下设地政司，作为全国土地管理机关。1952年，城市营建规划及考核移交新成立的建筑工程部，标志着城市与乡村建设管理工作分行的开始。1954年，因农业合作化发展和农村地籍的变化撤销了地政司，在农业部设土地利用总局，奠定我国土地利用规划重点关注农村地区的历史基础。1956年，在土地利用总局基础上成立农垦部，主管全国所有荒地和国有农场建设工作，更加明确该时期土地利用规划服务于农村农业生产的基本内涵；同时城市房地产管理工作移交新成立的城市服务部，内务部保留土地遗留问题处理和部分征地划拨等工作*，这属于将土地支配权与空间利用建设权分离的管理模式，影响了城市规划此后关注空间营建而忽视对土地资源全盘统筹的局限性。这段历史时期中，从决策主体的分化可以发现我国首先将空间利用在地域上进行城乡分离，随后在不断巩固这种分工的过程中逐渐明确各自的关注重点；其次，也体现一种资源管理与资源利用分化的思路，人为剥离土地利用管理与空间营建设计交叉过程。形成该阶段"规—土"城乡分工的局面（图3.1）。

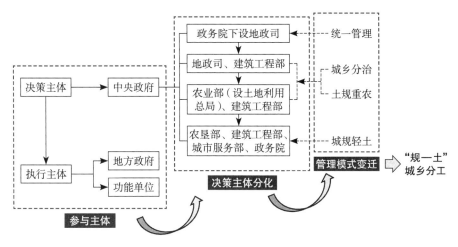

图3.1 "规—土"城乡分工阶段的行为主体特征

（2）生产模式特征：几乎以工业化发展为唯一目标，采取"以农促城"的生产模式。

计划经济时代的中国深受苏联模式影响，强调城市在中央政府控制下"变消费城市为生产城市"，且生产内涵基本等同于发展工业，不仅减少农业发展投入，还压缩城市规模和生活基础设施（马学广，2009）。此时整体价值取向是促进工业化建设，不仅城市发展从属于国家工业化发展计划，城乡空间也被作为国家调节城乡关系、工农关系的一种工具（武廷海，2012）。甚至制定了城乡剪刀差制度，通过"城乡分离、以乡促城"来确保城市工业化建设的快速推进（刘淑虎等，2015）。

此外，计划经济体制作用下，空间生产逻辑就是国家计划理性，而空间生产

---

* 资料来源：建设工程教育网，http：//www.jianshe99.com/tudigujia/fuxi/zh20140810103151744079909.shtml，2014.

动力是国家大规模投资，包括物质资料的投资和生产资金的划拨，如武钢建设过程中政府通过行政力量在全国范围内调拨大量人才、设备、资源等支援建设（余瑞林，2013）。此时，空间规划与空间生产是单向关系，即国家首先制定空间生产逻辑，再用空间规划加以实现，而空间规划本身未被赋予空间生产职能，空间利用表现为追求使用价值而忽视交换价值（武廷海，2013）。因此，当时形成了"土地利用规划指导乡村建设服务农业生产、城市规划指导城市建设服务工业化建设"的分工。但是，这种分工在规划目标上其实是一致的，因为在全力发展工业生产的经济增长战略下，即使当时土规服务于农业生产，但本质目的也是为以更好的农业生产能力来保障工业生产加速前进（图3.2）。

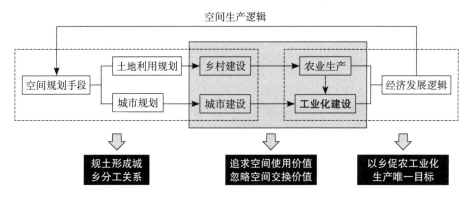

图 3.2 "规—土"城乡分工特征形成的生产模式作用机制

『规土融合』——从技术创新走向制度创新

3.2 "错位发展"阶段（1978—1997 年）

3.2.1 关系特征

根据《新中国城市规划发展史研究》记载（邹德慈，2014），改革开放以后，我国的城市规划工作迎来了继"一五"期间的第二次春天。至 1983 年底，全国共有 226 个市、800 个县完成总体规划编制工作。随着对外开放国策的深入实施，我国开始接触到欧美思潮，在日益增多的国际交流活动中大大拓宽了国内城市规划界的视野。受此影响，国内现代城市规划逐渐走出"城市与区域分离、城市与乡村割裂"的误区。此外，城市规划法制化和市场化的建设也在该阶段得到大力推进，对于城市规划树立权威性、增加竞争力、注入行业活力功不可没。几个标志性事件包括：1984 年颁布《城市规划条例》、1990 年起实施《中华人民共和国城市规划法》、1984 年起探索并最终实施规划设计收费市场化、城市规划设计单位技术经济责任制。在这样的大环境中，武汉市在1979年新编了一版《武汉市城市总体规划（1979—2000年）》，并于1982年获国务院批复，是新中国成立后武汉市第一版获得国家批准的城市总体规划，极大增强了改版城市规划的权威性。

该阶段为我国第一轮《土地利用总体规划》颁布与重点实施期间。改革开放初期，随着各种政策松绑，尤其是经济体制改革，极大地刺激了国民经济发展活力。经济进步振奋人心的同时，逐渐突出的耕地减少问题同样引起关注。因此，1986年，《土地管理法》颁布实施的同时，我国第一轮土地规划编制工作全面开启，该轮土规的核心在于"保护耕地、保障建设用地"。此时，已初步建立起国家、省、市、县、乡的五级规划体，形成"自上而下数量调控、指标逐级分解落实"的控制手段。然而，该版土规在实践中并未起到应有的作用。一方面是由于编制经验缺乏和技术力量落后（董黎明、林坚，2010）；另一方面是缺乏法律制度层面的支持，《土地管理法》（1986）中并未对土地利用规划与城市规划、林业规划等关系进行明确的法律界定，导致其他规划往往突破土地利用规划（张峰、李红军，2012）。

总的来说，改革开放以后"两规"均复苏发展，但由于历史积累效应，依然存在着发展阶段错位的问题。城市规划发展进度走在土地利用规划之前，尤其法制化建设超前致使城规树立权威性先于土规，故土规未能在"协调发展与保护关系"上发挥应有的约束力。此外，土规的指标分解体系一定程度上与市场需求结合不紧密，因此操作性弱又一次削减了其约束力。

3.2.2 关系形成机制

（1）行为主体特征：中央政府与地方政府分权分利，主体分化逻辑开始表现出利益分歧。

改革开放初期，不仅经济改革如火如荼，政府体系改革也拉开序幕，最主要的就是实现"政企分开"，从此改变了政府与市场的边界（李芝兰，2013）。这时期参与空间规划的主要行为主体有两个方向外延：一方面是开发主体中引入私人性质的投资开发商；另一方面是纵向府际关系的变化导致地方政府与中央政府"分权分利"，从而成为具有不同价值取向的行为主体。由此，较之上阶段，此时我国空间规划的行为主体主要包括中央政府、地方政府、私人投资开发商三类。

首先，中央政府在土地管理法方面这阶段依然侧重农村地区，并且始终对土地资源单独设立管理机制。1979 年，设立全国农业区划委员会，下设土地资源组，由农业部牵头起草土地利用分类标准、调查规程，并开展土地详查试点；1982 年 8 月至 1986 年 6 月间实行所谓城乡分管体制，在地方农业部门建立土地管理部门，城市内部则保留了房地产管理局并部分恢复"地政"管理职能；随着1986 年《土地管理法》的颁布才正式成立直属国务院的国家土地管理局，并在地方各级政府成立土地管理部门，明确全国土地和城乡"地政"统一管理原则；此后直到 1998 年，才设立国土资源部*。可以看出，中央层面对于土地资源始终延续一种资源管控思路，全国第一轮土地利用总体规划的诞生本质上也是管理工作的一部分，因此导致对土地利用规划的相关法制建设或行政改革其实是内置于国家土地资源管理系统中的，1988 年修订的《土地管理法》中对土地利用总体规划要求仅属于土地利用和保护章节下的一项条款。与此同时，城市建设随着经济改革开放的推进加大投资力度而进入新的发展阶段；对此，城市规划作为一项综合部署工作迅速得到重视，不仅在 1978 年的第三次全国城市工作会议上做出"认真搞好城市规划工作"的决定，1979 年 5 月便成立了国家城市建设总局并下设城市规划局（庄林德、张京祥，2002）；随后的时间里，中央政府相继颁布了一系列法律法规来提高城市规划和规划管理的权威性和约束力（表 3.2）。

1978—1998 年间我国土地管理工作的主要行政改革与法制建设成果　　表 3.2

年份	土地管理方面	年份	城市规划建设方面
1979	设立全国农业区划委员会，下设土地资源组	1979	成立国家城市建设总局，下设城市规划局
1981	《关于制止农村建房侵占耕地的紧急通知》	1980	《中华人民共和国城市规划法》草案
1982	修订《国家建设征用土地条例》《村镇建房用地管理条例》	1984	《城市规划条例》
1984	开始部署在全国开展土地调查工作	1990	《中华人民共和国城市规划法》
1986	《中共中央、国务院关于加强土地管理、制止乱占耕地的通知》	1991	《建设项目选址规划管理办法》
1986	《土地管理法》（第一版）	1991	《城市规划编制办法》
1988	修改《宪法》和《土地管理法》	1995	《城市规划编制办法实施细则》
1992	基本农田保护区划定工作在全国铺开	1995	《建制镇规划建设管理办法》

---

* 资料来源：建设工程教育网，http://www.jianshe99.com/tudigujia/fuxi/zh2014081010315174407909.shtml，2014.

年份	土地管理方面	年份	城市规划建设方面
1994	《基本农田保护条例》	1995	《开发区规划管理办法》
1998	设立国土资源部		

资料来源：根据中国法院网、建设工程教育网整理

　　其次，地方政府层面，随着中央与之经济分权，中央计划对地方的指令性逐渐向指导性转变，地方政府获得越来越多的自主权，同时逐渐成为一个独立的利益主体（彭海东，2008）。地方政府作为参与编制城市规划的直接主体，在城市规划的编制中便会侧重自身利益需求的实现。尤其是财税制度改革中，土地出让金的分配地方占据越来越大的比重，从1989年的60%到1994年分税制后的100%，因此在"财税分成激励经济发展"的整体分权逻辑背后，又进一步激励了地方政府对大搞城市建设的青睐，自然便带来城市规划发展的"春天"。而私人性质的投资开发商，构成了这一阶段主要的土地市场，地方政府会开出一系列优惠条件来招商引资，也难免会因此出现一些理性欠缺的行为（图3.3）。在这样的利益格局下，城市规划明显处于积极主动发展阶段，而土地利用规划本质上仍然是一种资源管理行为，不仅缺乏成熟的技术体系，发展中也呈现被动应对之势，难以发挥应有的约束力，也缺乏权威性。例如，1988年修订的《土地管理法中》第三章第十五条中规定："在城市规划区内，土地利用应当符合城市规划。"

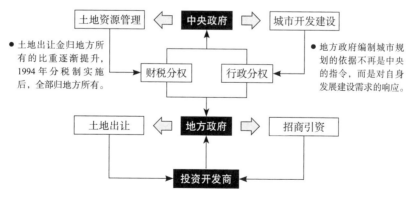

图3.3 "规一土"错位发展的行为主体特征

　　（2）生产模式特征：市场经济萌芽，地方比较优势培育倾向于降低土地使用成本。

市场机制的引入，使我国走上依靠比较优势发展经济的道路，但由于此前经历的曲折发展历程，国家经济基础薄弱，现阶段的比较优势集中在廉价的劳动力、优越的土地资源、资源禀赋等，一定程度上属于资源经济阶段（卫兴华、侯为民；2007）。土地资源形成的投资吸引力一般可分为使用成本和基础环境两类，市场机制作用下使用成本受供求关系指引，由于处在我国改革开放初期经济水平较低迷的阶段，整体供过于求的特征容易导致地方政府为赢得竞争而设置"不经济"的交易价格。同时，对基础环境提升的需求致使城市政府热衷建设，而建设过程中为了融资可能又对土地资源的不经济交易形成促进作用。这样一来，不经济的土地利用方式对国家的土地管理工作形成一种负反馈，使得相关工作体现为一种刚性的管控行为来抗衡市场作用。而地方主导编制的城市规划，主要服务于支撑城市的建设热潮，城市规划也因此与市场形成了更紧密的结合，并激励一系列技术创新、理念革新。此外，我国当时自下而上城镇化路径的兴起（宁越敏，1998），也形成对地方规划建设的强化机制。总的来说，在当时的生产模式下，土地利用规划兴起本质上是一种被动应对之举，并且管理内涵强于规划，加上规划核心内容由国家掌握，与具体地方执行者存在利益分化；因此，该阶段的土地利用规划刚性过强、弹性不足，缺乏成熟的技术体系与有效的创新机制，"约束力"存在现实与理想的差距。反之，城市规划的编制者和执行者都主要是地方政府，能将利益诉求融入方案，同时在自身发展需求激励下也会不断进行创新进步（图3.4）。

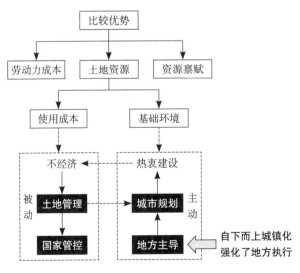

图3.4 "规—土"错位发展的生产模式作用机制

3.3 "冲突碰撞"阶段（1998—2007 年）

3.3.1 关系特征

进入 21 世纪之际，我国城市规划在继续深化法制建设与市场化构建的基础上，规划指导思想有了一定转变，体现在重视城市现代化战略目标、城市健康可持续发展。同时，与实践经验碰撞出许多新火花：战略规划等非法定规划兴起、掀起区域及城镇体系规划编制热潮、城市规划编制类型逐渐多元化等等。当然，城市规划该阶段的发展与上阶段是紧密结合的，但该阶段市场的作用更加突出，城市政府在市场中的角色发生本质转变，不再是被动地应对市场变化，而是主动地提出利益诉求，并以规划作为提升城市竞争力、带动地区社会经济发展的施政手段（邹德慈，2014）。然而，也正是城市政府愈发积极主动的市场行为，促使在利益驱使下萌生了一些非理性的城市规划运动，一方面是"退二进三、退城进园"的产业政策使国内兴起了开发区规划浪潮，另一方面政府的土地财政助长了房地产开发过热，此外盲目追求城镇化速度又带动了一批新城建设活动（甄峰，2011）。这些"过热"之后，造成土地城镇化速度明显快于人口城镇化速度，浪费土地资源的同时也束缚空间生产的效益释放，由此衍生了一系列社会、经济、生态问题。

此间，武汉市也表现出土地粗放利用的问题。1997—2005 年，武汉市中心城区城镇工矿用地从 23310 公顷增长至 38808 公顷，城镇紧贴中心城外延扩展，呈现"摊大饼"现象。同时期土规计划 2010 年全市新增建设用地规模控制在 12418 公顷，但事实上仅武汉市至 2005 年的新增建设用地规模已经达到 26235 公顷。人均农村居民点用地达到 190.8 平方米，显著高于国家规定的 150 平方米标准。此外，2005 年武汉市建设用地地均二、三产业产值为 10.1 万元 / 亩，与上海的 25.2 万元 / 亩、广州的 22.3 万元 / 亩、北京的 13.9 万元 / 亩相比，差距仍较大。

在这样的背景下，以保护土地资源为原则的土地利用规划加大了对土地资源的保护力度。1997 年国务院《关于进一步加强土地管理切实保护耕地的通知》提出实行世界上最严格的管理土地和保护耕地措施，1998 年修订的《土地管理法》确立了土地利用总体规划的法律地位，并明确土规与相关规划的协调关系："城市总体规划、村庄和集镇规划，应当与土地利用总体规划相衔接，城市总体规划、村庄和集镇规划中建设用地规模不得超过土地利用总体规划确定的城市和村庄、集镇建设用地规模。"与此同时，国内开始了第二轮土地利用总体规划编制工作，该轮土规以"保护耕地为重点、严格控制城市规模"为指导思想，几乎以"耕地保护"为单一目标。

这阶段，城规与土规不同的市场化程度进一步激化了二者的矛盾，两规发展进入冲突碰撞期，而管理部门的分化是产生这一分歧的基础条件。地方不同部门主导下相逆的利益诉求，产生了两规之间关于"发展"与"保护"的拉锯战；加上各自为政的客观条件，以及不健全的规划实施机制，致使两规不仅没有发挥好彼此约束、相互补充的作用，反而陷入自相矛盾的僵局。

3.3.2 关系形成机制

（1）行为主体特征：参与主体向多元化发展，地方政府掌握有更多的主动权。

此时，1994年的分税制已实行了一定时间，地方政府建立起的土地财政模式外部效应开始显化；加上我国市场经济逐渐放开，地方政府更显著地体现了"企业型政府"的谋利行为特征。由此，中央政府与地方政府的关系变得更为复杂。此外，随着改革开放逐渐深化，城乡壁垒开始松动，虽然城乡要素的实际交流程度正逐渐增强，但由于产权、交易等方面的制度架构依然维持二元特征，致使利益分配制度逐渐模糊化，而这种制度模糊恰好为利益的策略性分配提供了行为空间（李云新，2014），土地利用方面表现出农地非农化高速推进的问题。因此，在考虑土地利用问题时需要将农村集体用地涉及的两大行为主体考虑进来，包括村集体经济组织与村集体成员。而在城市政府追求规模扩大的同时，必定伴随着城市用地需求上涨，加上1998年福利分房制度终结，此举释放了巨大的房地产市场潜力，也使得市民公众开始在需求端直接接入土地市场。由此，这一阶段的规土关系中涉及的主体愈发多元，包括中央政府、城市政府、投资开发商、市民公众、村集体经济组织、村集体成员六类。

这一阶段城市政府受分税制激励作用更加突出，已经由服务角色转型企业角色，从城市福利的提供者变为空间生产的操纵者。往往在土地推出之前，政府已经有了较明确的发展意向，进而寻找相对信任又符合条件的开发企业以确保预期目标的实现（胡毅，张京祥，2015）。这种不完全市场条件下，地方政府凭借具有信息完全和灵活性的优势（骆祖春，2012），与开发商等组成的土地利益联盟在土地征用中产生了一定的寻租行为（李云新，2014）。由此，土地利用容易陷入粗放、浪费的开发模式中，同时增值空间受到压抑，随之而来的是城市扩张、耕地流失、环境破坏等一系列负外部效应。为遏制这一现象，中央政府加大土地利用总体规划保护力度，在这一轮规划中提出最严格的耕地保护要求，并进一步增强规划的刚性管控，从 1998 年修订颁布的《土地管理法》中开始单独设立一个章节规范土地利用总体规划，明确规定城乡规划的建设用地规模不得超过土规设定的指标，并将此前规定的由上级人民政府批准的审批权重新实施集权管理，要求"省、自治区、直辖市报国务院批准；省、自治区人民政府所在地的市、人口在一百万以上的城市以及国务院指定的城市经省、自治区人民政府审查同意后，报国务院批准；此外的土地利用总体规划，逐级上报省、自治区、直辖市人民政府批准；而乡（镇）土地利用总体规划可以由省级人民政府授权的设区的市、自治州人民政府批准。"2004 年最新修订的《土地管理法》延续了这两项要求，两规一定程度上陷入了一种"扩张"与"控制"的拉锯中（图 3.5）。

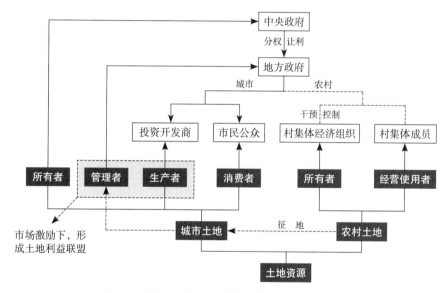

图 3.5 "规—土"冲突碰撞阶段的行为主体特征

在这个过程中，村集体以及市民公众被动地发挥了催化剂作用。一方面，村集体经济组织虽为农村土地的所有者，但由于法律层面对集体的界定不明确，导致集体利益代言的失效。一般情况下，村委会是农村唯一的集体组织存在，也是农村集体土地的实际所有者，这种村委会与村行政组织重合，便容易在政治上形成与基层地方政府过于密切的联系。如《组织法》第四条规定："乡镇的人民政府对村委会的工作给予指导、支持和帮助……村委会协助乡、民族乡、镇的人民政府开展工作"。有学者称之为"压力型体制",通过这种内涵弹性极大的"指导与帮助"方式,地方政府常常对集体经济组织的决策进行干预控制(邓作勇,2006),导致某种意义上农村土地的集体所有属性并未能完全体现集体意志,村民在这场利益博弈中话语权得不到体现,也由此衍生一些社会矛盾。另一方面,虽然普通市民公众始终属于城市空间的消费者,但事实上消费的是空间生产出来的公共服务;直到1998年福利分房制度的取消,才真正释放了这一群体直接面向空间的消费能力,从而激发了城市政府开发房地产市场的热情,利益驱使下甚至出现城市规划被房地产开发"牵着鼻子走"的被动局面(雷诚,范凌云,2008)。

(2)生产模式特征:快速城镇化激发过量用地需求,加上土地利用方式粗放、城乡土地市场割裂,征用耕地成为扩大规模的主要渠道。

1996年,我国城镇化水平达到30.48%,标志着我国进入快速城镇化阶段(李玉梅,2008)。国家发展本身便进入一个经济建设加速、建设规模增大的时期、农业人口大规模进城的特殊阶段。然而,1998年却爆发了国际金融危机,使得国家出口贸易大受打击,极大地影响了国内原先出口拉动的发展路径。为稳定经济,中央决定用大量投资激发国内基础设施建设,如高速公路、交通、发电和大型水利工程等。同时,1998年国家取消福利分房制度并实施国企改革,开始着手放开房地产市场、鼓励民营经济发展等刺激国内消费与投资的方法,以维持经济建设的稳定。此外,2001年中国加入WTO,与国际经济市场形成更紧密的互动,更加速参与国际产业转移进程,通过另一个渠道助力经济发展。

在这样的背景下,中国经济发展进入一个新的增长周期,城市建设规模也不断扩大,还促使各地兴起了产业园区的建设,用地规模大幅度增加。且不讨论此时的规模扩张模式是否科学合理,历史已经证明当时的规模扩张一定程度上具有无序低效的特征。仅从建设用地的增加渠道来看,由于当时存在大批农村剩余劳动力涌入城市,理论上可以通过这批人腾出来的农村集体建设用地(主要是宅基地)补充城市用地缺口,但由于我国城乡二元体制在社会制度层面改革不彻底,户籍制度与公共福利的捆绑使得这批城镇化转移人口得不到应有的市民待遇,加上集体建设用地不能进入土地市场流转,容易促使他们选择"人去屋留"而带来大规模农村宅基地的闲置。这条补充渠道行不通,城市政府便纷纷偏向通过耕地占用来满足建设用地需求。综上,在当时形成明显的能源消耗快速增长、经济增长粗放特征的阶段(杜官印、蔡云龙,2010)(图3.6)。

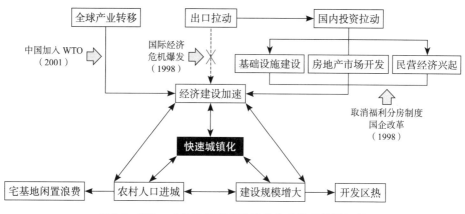

图 3.6 "规—土"冲突碰撞阶段的生产模式作用机制

3.4 "统筹融合"阶段（2008 年以来）

3.4.1 关系特征

2008 年，在原先《城市规划法》与《村庄和集镇规划建设管理条例》的基础上修订颁布了《城乡规划法》。这被认为是中国城市规划发展史上里程碑式的事件（邹德慈，2014），虽然只是"城市"到"城乡"的一字之变，却标志我国规划理念的重大转变，明确我国城乡统筹的指导思想，构建起由城市规划、镇规划、城镇体系规划、乡规划、村庄规划构成的城乡规划体系。此外，《城乡规划法》还突出城乡规划的公共政策属性，2011 年"城乡规划学"也正式从"建筑学"中独立出来，升格成为国家一级学科。

2008 年，国务院批准并颁布了《全国土地利用总体规划纲要（2006—2020年）》，各地开始编制、修订以"统筹城乡、节约集约用地"为核心的第三轮土地利用总体规划。本轮土地利用规划发生了许多不同于前两轮的新气象（张峰、李红军，2012）：第一，规划目标由单一转向多元，除保护耕地还注重社会—经济—生态综合效益的可持续发展；第二，体现对市场化的应对，加入预期性指标保障规划弹性；第三，规划内涵得到丰富，跳出就土地论土地的局限，注重土地与经济发展、环境保护互动关系；第四，兼顾指标控制与空间管制，形成与其他规划协调的空间平台；第五，加快规范化建设，相继出台各类规章及管理文件；第六，突出公共政策属性，提出"政府组织、专家领衔、部门合作、公众参与、科学决策"的工作方针。

如上所述，两规在发展中已经逐渐拉开"统筹融合发展"的序幕，尤其是土地利用规划多维度、多层次的改革，极大地缩小了两规的隔阂。此外，该阶段恰逢我国城镇化发展又一关键转型期，我国外向型经济在 2008 年金融危机的冲击下，开始逐渐转向拉动内需为主的增长方式。由"带动增量"转向"释放存量"是新型城镇化语境下国家发展思路的一项重要转变，因此化"问题"为"潜力"成为新时期空间规划的主要任务。这当中的许多问题，与各类规划相互不衔接有着直接或间接的关系，于是"规土融合"、"多规合一"获得广泛关注，创新探索层出不穷，并开始从技术体系创新逐渐走向行政管理体制改革。

这一阶段内，有两个重要的时间节点。第一个是 2014 年，国家开始积极推动"多规合一"发展。规划改革，不只是响应形势变化，进行自我调整；而是致力于建立"桥梁"，推动融合，形成体系。换言之，与前三阶段相比，这一阶段认识"规土关系"的视角逐渐由外部关系转向了内部关系。2014 年 9 月，由国家发展和改革委员会、国土资源部、住房和城乡建设部、环境保护部四个部委联合发布了《关于开展市县"多规合一"试点工作的通知》，旨在探索不同规划之间的衔接与协调机制，推动市县实现"一本规划、一张蓝图"。值得注意的是，这项工作被列入 2014 年国家发展和改革委员会关于深化经济体制改革重点任务中，一定程度上，已经表明国家对空间规划改革的定位将是更为深刻的体系重构。随后，各地在国家政策鼓励下，兴起了各种"多规合一"的创新实践。这一时期，对"多规"的理解较为灵活，但不论是两规合一、三规合一，或者五规合一，城乡规划与土地利用总体规划都是最核心的构成。统筹内容方面，归纳起来大致包括：促进技术语言的相互理解，搭建一定的平台支持过程沟通，尝试部分工作的整合，在上海、武汉、深圳等发展较快的城市甚至开始推动规划部门与土地部门的机构合并（谢英挺等，2015）。但本质上，"多规"依然客观存在，重点在于促进规划间相互了解，发展"隐于法定规划之后的协调手段和机制"（朱江等，2015）。

"多规合一"时期积累的实践经验，极大地促进了不同规划类别之间的相互了解，为重构我国空间管理秩序奠定了良好的基础，并迎来了第二个重要的时间节点 2018 年。2018 年，全国两会做出党和国家机构改革的重大决定，整合原国土资源部的国土规划、土地利用总体规划管理职责，国家发展和改革委员会的主体功能区规划职责，以及住房和城乡建设部的城乡规划管理职责组建自然资源部，负责建立空间规划体系并监督实施。2019 年，《中共中央、国务院关于建立国土空间规划体系并监督实施的若干意见》正式发布，提出将主体功能区规划、土地利用规划、城乡规划等空间规划融合为统一的国土空间规划。直接从顶层设计层面推动了彻底变革，迈出了我国空间规划体系重构历史性的一步（张京祥等，2019）。狭义上的"规土关系"甚至不再存在，但广义上来看，"规土关系"是被置于"国土空间"的框架中来进行综合理解，实践中实现了"规土融合"的目标，但本质上是系统观的建立，把空间范围延伸至全域，对开发与保护格局的整体谋划，覆盖全要素的管理思路等等。但正如赵燕菁（2020）指出的："真正的规划体系不是预先给定的，而是在不断回答现实问题的过程中逐渐形成的。"这一阶段不断朝着深度统筹融合的方向发展，也采取了一系列具有开创性意义的创新举措，但整体上仍处于构建阶段，距离形成真正衔接有序、高效沟通、规则稳定的运行体系仍有许多问题要进一步探索。

3.4.2 关系形成机制

（1）行为主体特征：政府角色转型、公众话语权提升、村集体组织权益落实。

这一阶段行为主体的组成与上一阶段基本一致，但是他们的行为特征却发生较明显的转变。首先，完善市场经济体制致使政府经济职能转型，赋予市场更多主导权，而政府角色逐渐由经济建设型政府向公共服务型政府转变（刘厚金，2007）。因此，政府对空间规划的决策管控模式，也将逐渐朝着管理引导的方向发展。这种趋势对于缓和中央政府与地方政府的利益矛盾有很大的推进作用，随着规划公共政策属性的进一步显化，对决定最终规划方案的权利将不完全属于政府，而会建立在对多元主体利益综合考量的前提下。因此，中央政府与地方政府更多的是发挥过程管理作用，不再强调相互之间的权利分配，而将侧重同一目标导向下的共治行为。

这种理念的转型，也逐渐转化为实践中的体制机制改革。2013年，党的十八届三中全会上提出，将"推进国家治理体系和治理能力现代化"作为全面深化改革的总体目标，并开始着手调整、优化政府内部关系。中央政府与地方政府之间，正朝着由"泛化治理"向"分化治理"的方向改革。2018年出台的《深化党和国家机构改革方案》提出：赋予省级及以下机构更多自主权，突出不同层级职责特点，允许地方根据实际情况，在规定限额内因地制宜设置机构和配置职能。同时，中央层面亦实施了部门的横向合并与调整，建立更清晰的事权关系（宣晓伟，2018；林坚等，2019）。这其中包含了两个维度的关系转变，纵向维度上的放权，有利于实现地方政府的权责统一，更理性地处理开发与保护的关系；

横向维度上的调整，建立在对原有规划事权的系统梳理，及对关键问题识别的基础之上，是建立统一的空间规划体系的前提，更是关键性的、必不可少的一步。

其次，市民公众在上一阶段主要体现的还是房地产消费者角色，然而随着社会经济发展、人民物质生活水平提高，人们对城市空间的需求变得丰富，对生态环境、生活便利等方面提出更高要求，因此从需求端对政府的空间生产行为以及开发商的空间开发行为提出了更高的要求、更多元的发展目标。尤其是投资开发商，从商业利益角度出发更容易受消费者需求的牵引。此外，随着我国民主政治建设工作的推进，市民公众主人翁地位逐渐得到彰显。2008 年开始实施的《城乡规划法》中首次确立了城乡规划公众参与机制，第三轮土地利用总体规划规定"政府组织、专家领衔、部门合作、公众参与、科学决策"的规划编制工作方针（蔡玉梅，2009），标志着这一阶段我国在空间资源配置决策中开始引入公众参与机制，虽然仍处于初级阶段，但正式确立了我国空间规划编制工作利益多元化和利益博弈的新语境，这也是市民公众从决策端对新时期空间规划体系改革的重要影响。

最后，在城乡关系中，2013 年十八届三中全会正式提出"建立城乡统一的建设用地市场"，允许农村集体经营性用地进入土地市场。多个集体经济组织以集体经营性建设用地入市，由此改变了城市政府垄断土地一级市场的局面，能有效促进土地市场健康发展（刘守英，2014）。同时，也极大地冲击了原先的征地制度，一定程度上有助于避免村集体利益得不到足够的重视。总的来说，这一阶段我国空间规划在多元利益化的基础上，通过一系列制度创新与行政改革手段，强化各利益主体的话语权，并因此形成更复杂的博弈格局，但博弈格局的复杂化不一定代表着问题的复杂化，反而在空间规划的公共政策转型中是必要的制衡手段（图 3.7）。

（2）生产模式特征：新型城镇化推动转型，存量开发日益重要，生态文明体制改革提出新要求。

2008 年的全球金融危机，再次警醒我国应当走上内需拉动型经济，而我国的内需潜力有很大一部分来自于城乡结构的优化，即城镇化的有序推进。然而，由于此前快速城镇化遗留的历史问题，我国存在大批存量农业转移人口，《国家新型城镇化规划》明确指出新阶段的城镇化应当着力解决这部分"存量问题"。这将涉及两方面内容，一是加速这批农业转移人口落户安居城市，由此可能带动新的建设需求；二是这批存量人口落户城市后，对其农村空置宅基地的重新整

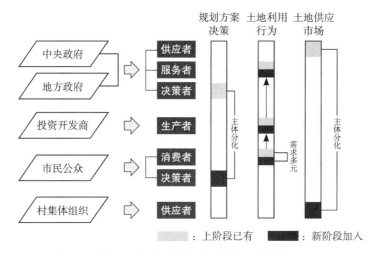

规划方案　土地利用　土地供应
　决策　　　行为　　　市场

供应者　｜
服务者　｜
决策者　｜主体分化
生产者　｜
消费者　｜
决策者　｜
供应者　｜

中央政府
地方政府
投资开发商
市民公众
村集体组织

需求多元
主体分化

▨：上阶段已有　　■：新阶段加入

图 3.7　"规—土"统筹融合阶段的行为主体特征

理，因此新需求增长的同时也将伴随旧需求的退出，从而实现总需求速度的控
制，这一思路能有效缓和城规"扩—张"和土规"保—守"的矛盾。可以看出，
我国现阶段生产方式已经由增量增长思路开始转向存量优化，这样一来会激励空
间规划思考如何挖潜的问题，而存量挖潜的依据很大一部分将来自于市场反馈的
土地价值，于是会促使国土资源管理工作与市场形成更紧密的联系，也会促使土
地利用规划内涵由"资源保护"向"资产管理"的外延，与城市规划目标取向也
取得了更多的共识。

　　此外，随着我国进入新常态发展阶段，一系列"转型"相继发生，对空间规
划提出了新要求。一方面，经济结构的调整将伴随着土地利用生产需求的降低和
生活、生态需求的提升，规划目标向着更综合的方向发展，矛盾有所缓和。另一
方面，经济增速下降，存在地方政府对土地财政依赖程度提升的风险，原有土地
利用规划约束作用可能又将发挥重要作用。但与此同时国家对地方官员的考核制
度也有调整，2013 年 12 月中组部对地方党政领导的政绩考核制度进行改革，要
求综合考虑政治、经济、文化、社会等建设的实际成效，不再仅仅把地区生产
总值及增长率作为主要指标；还通过考核政府债务情况约束地方政府搞"政绩工
程"，注重考核发展思路、发展规划的连续性，考核坚持和完善前任正确发展思
路、一张好蓝图抓到底的情况，考核积极化解历史遗留问题的情况。这样一来，
地方政府盲目开发行为可以得到更全面的约束，同时伴随着地方政府思想价值观
念的转变，在中央政府实施空间规划体系重构之前，二者的关系已逐渐走向统筹
融合，并且力图发挥更大合力（图 3.8）。

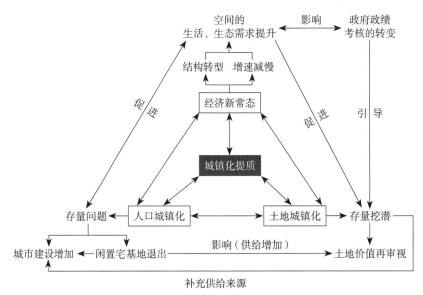

图 3.8 "规一土"统筹融合阶段的生产模式作用机制

此外，这一阶段国家提出了《生态文明体制改革总体方案》，深刻改变了发展模式与开发理念。要求重视生态文明建设，形成发展与保护相统一的意识，树立绿水青山就是金山银山的理念，正确认识自然价值与自然资本，尊重自然承载力与环境容量，建立对生命共同体的认知。基于对自然资源综合功能的重新审视，以及对其重要地位的充分重视，方案中明确对"空间规划体系"提出了改革要求。一方面，要求整合各类空间性规划；另一方面，要求创新市县空间规划编制方法，并提到充分保障公众参与机制与监督权力。这些理念转变与价值引导，在我国实施空间规划体系重构之前，已很好地强化了城规与土规之间的统筹意识。随着规划目标的统一，规划要素的整合，二者的融合成为必然趋势。

3.5 本章小结

由于本部分聚焦的为规土关系的历史演变特征，各阶段"规""土"的实际内涵不太一致，因此采用的概念是较为狭义、高度概括的城市规划与土地利用规划。从历史变迁来看，二者在政治经济关系呈现不同特点的阶段，表现出各异的互动关系，且关系发展具有一定承续性。研究主要发现以下两点核心结论。

（1）规土分离局面的形成具有一定的历史必然性，受到城乡二元体制背后"以乡促城"逻辑的深刻影响，最初土地利用规划在保障农村生产力时，属于支撑城市工业发展的间接贡献者,与直接服务于城市工业化建设的城市规划根本上目标一致,属于物理性分工,但一定程度上奠定了二者相对独立的发展土壤。之后,国家决策层面上延续两规独立的行政体系,意图通过二者的互动来确保发展的理性与适度,土规实质上体现了对城规的约束力。然而,由于市场经济体制改革、纵向府际关系改变、快速城镇化驱动,促使城市发展陷入非理性兴奋期,从而直接成就了城规更加强势的发展,二者理想中的互动现实中却总表现为一种拉锯。但必须理性意识到,二者的矛盾局面本质上并非保护与发展的竞赛,而是保护要求与发展需求难以相配适的结果。当然,二者矛盾愈发激化,在于发展需求并非理性前提下的需求,而且只代表了局部人的利益与发展意愿,因此土规便通过愈发强硬的保护要求来实施压制。从这个意义上来看,土规在很长一段时间里其实是土地资源管理手段的一种,本身具有很强的政策属性,因而在法制建设方面需求不大,相关的法律规范基本分散置于我国土地管理的相关法规中。这也进一步印证,土规的编制思路与一般规划中的战略性思路存在一定错位,而更似一种政策制定中的标准化思路,导致其与城规存在沟通障碍,自身技术体系也不够完善成熟。然而,随着政府角色、经济发展、城镇化战略的根本转型,一方面城市规划在向公共政策靠拢,另一方面二者对保护与发展的调和也达成更多共识,与其说产生融合的需求,不如说形成了融合的条件,因为"规"与"土"本身便是一个综合过程。因此,随着国家治理体系改革的条件逐渐成熟,生态文明建设不断深入,建立统一的空间规划体系便水到渠成。改革的出发点,与多年来"规"与"土"之间关系的不断调整本质上是相承接的,即促使生产要素实现科学高效的配置,同时对自然环境进行有效的保护,从而实现可持续发展。

（2）"规土关系"的发展过程中,呈现了利益逐渐分化、参与主体趋向多元化的特征,每个阶段的特征反映了主体博弈的结果。最初中央计划管控时期,参与主体的利益统一指向贯彻中央核心精神,不存在利益冲突,因此二者分行但无分歧。随后市场经济的建立,伴随中央放权让利的政治改革,使地方政府由中央政府的代言人转型为企业型政府,同时加入了私人性质的投资开发商,在经济利益的催化下,地方政府与投资开发商在一定阶段形成利益联盟,引导空间开发利用走上"经济为先、粗放发展"的歧路,而国家作为综合利益的权衡者,不得不增强土规的刚性约束力,并将其控制权利向上集中,更强化了城规与土规之间的矛盾。这期间,市民公众最早是伴随福利分房制度取消而作为房地产市场消费者加入的,发挥了刺激房地产开发的作用,并未介入决策机制。但随着国家民主政治建设的发展，公众参与成为伴随空间规划公共政策转型的重要革新策略，将市民公众引入空间规划的决策群体中，从而在地方层面形成利益制衡，使得公共利益回归城市规划，也因此缓和了与土规的矛盾。此外，不论规土关系如何发展，"城乡分工"在一定意义上始终根植于"规土关系"的发展之中，这与城乡二元体制下城市与乡村属于两大利益阵营有密切的关系，但受制于"城强乡弱"的历史局限，农村较长一段时间内在整体的空间生产中属于被动让利者，土规致力于改变这种权益失衡的局面，但也在"问题导向"的主要路径下陷入被动。但当国家开始强调城乡统筹，取消生产要素流动的城乡壁垒之时，农村已经开始由让利者向争利者转型，因此土规也将变为一种整体的行为规范，而不再是制衡砝码。综上所述，随着利益主体的不断分化，同时主体之间相对地位的逐渐平等，"规—土"之间形成了更统一的行为机制，由冲突矛盾走向统筹融合（图3.9、图3.10）。

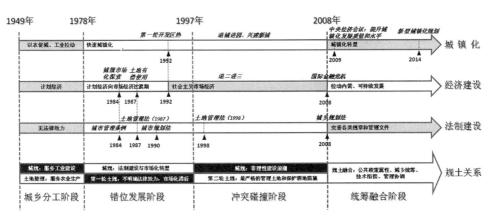

图 3.9　城市规划与土地利用规划关系演变阶段划分与主要事件

　　当国家在实现治理现代化目标的引导下，全面深化改革开始触及治理结构时，彻底地改变了原有的利益关系，因此也伴随着部分矛盾的消弭。一方面，通过部委合并，直接简化了主体结构，解决了不同部门利益分化的问题；另一方面，提出事权对应的编审原则，一定程度上弱化了纵向利益分化及地方政府权责不匹配的问题。然而，在这样的新框架下，如何进行规则的更新、机制的优化、系统的建立还需要大量的探索。

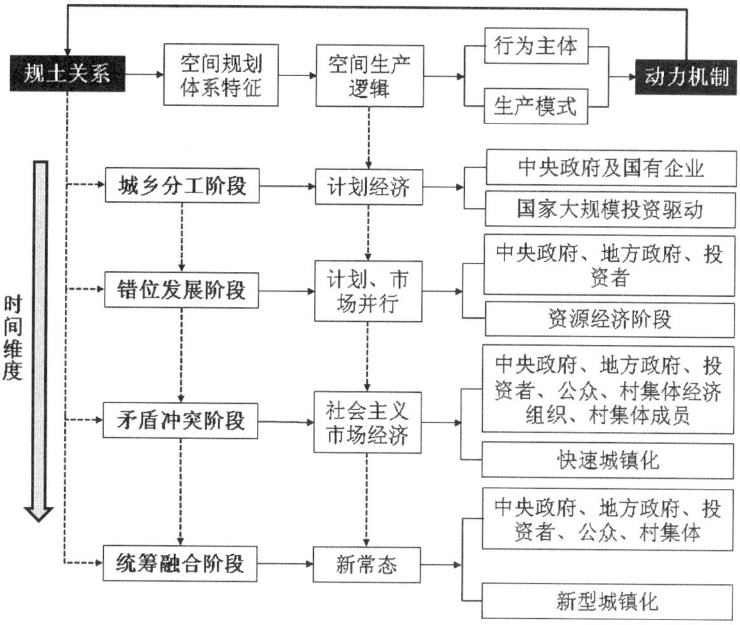

图 3.10　城市规划与土地利用规划关系演变机制变迁

第四章　历史时期"规—土"核心矛盾的形成机制

在第三章所述的历史发展中，积累形成了空间规划体系中的核心"规土矛盾"。首先，追溯到土规的设立初衷，一开始便树立起与城规一定程度上"相抵"的规划目的，构成二者本质上的第一重矛盾。其次，规划过程的分离又衍生了一系列实施管理层面的冲突，包括决策机制相逆的第二重矛盾与利益主体分化的第三重矛盾。最后，不均衡的发展基础与不同步的发展步伐，加上国家空间规划领域不完善的法制环境，使二者在技术体系层面上进一步形成了第四重矛盾。

通过制度解构，重点探讨以上四重核心矛盾形成的根本原因。同时建立起政治经济层面对规划发展的综合作用机制，以弥补现有研究中"重视具体问题解决、缺乏问题本质反思"的不足。力图突破"规—土如何不融合"的研究范式，构建起"规—土为什么不融合"的研究议题，以便在"规—土怎样融合"的探索中形成更为"治本"的建议。

4.1 规划目的相抵

4.1.1 问题描述

城市规划与土地利用规划在规划目的上的矛盾统一关系，可谓是"规土融合"议题下的基础问题。简单来说，早期城市规划目的在于促进城镇建设与发展，但土地利用规划目的侧重于保护耕地；在这样的思路下，直接树立了发展与保护、城镇与乡村两个"对立面"。从两个规划设立的初衷来看，便存在一定的相左。城规在一路领先的发展中始终以优化城市的发展建设为规划目的；而土地利用规划是在土地市场建立之后才开始建立体系，立足于我国计划经济试水转

058

「规土融合」——从技术创新走向制度创新

轨市场经济之际，某种意义上是政府为了规避市场失灵或失控而设立的，因而自然还承袭着计划管控的思路，致力于对土地利用行为形成制约。从这个出发点来看，也就不难理解城规与土规长久以来在发展与保护之间的拉锯关系，而从二者关系的发展历程中进一步可以发现土规规划的目的受城规发展思路的影响显著，当城规出现不理性发展的趋势时，土规便强化了保护的理念，却也陷入规划目的较单一的局限；而当城规重视可持续发展后，土规也开始追求多元目标下的综合效益，极大地缓和了二者的矛盾。

然而，城规规划目的的演变并不是一种随机事件，其深受我国不同阶段城镇化战略思路的影响。在城镇化战略引导下的社会价值取向，直接决定了城市建设中空间生产的逻辑，进而也对土地利用规划所要发挥的约束作用形成了一定的指引。由于历史局限性，我国早期城镇化发展中对"发展"与"保护"的抉择，导致两规在一段时间内处于一种此消彼长的状态。但立足在如今可持续发展理念和城乡统筹思想的指导下，发展与保护并非不可调和，城镇与乡村也是区域共同体，两规关系也开启了新纪元。

4.1.2 城镇化战略引导价值取向

首先，在新中国成立初期百废待兴之际，当时受苏联影响国家选取了重工业化道路。在低起点的城镇化初级阶段，结合我国农业大国的基础，国家选择了"以农养工"的方式为工业崛起积累基础，故需要维持农业较强的生产能力。因此，原始的土地利用规划目的侧重于服务农业生产，与城市规划服务工业发展的目的并没有冲突，只是处于各自为政的状态。其次，改革开放以后我国进入了快速城镇化发展阶段，在延续了上一阶段城乡二元关系的基础上，乡镇企业的兴起和发展小城镇的方针引领了初期的城镇化发展。然而这种分散格局逐渐暴露出土地浪费、资源消耗、环境破坏等问题，人地矛盾突出，因此1987年第一轮土地利用总体规划初步树立了保护耕地的规划目标。接下来，随着改革的深化，尤其是市场经济体制的建立，彻底改变了我国城镇化的动力。在区位优势、规模效应等经济规律的共同作用下，珠三角、长三角、京津冀为代表的东部沿海地区成为国家城镇化的主战场。在利益驱使下，城市规模的扩大建立在土地粗放低成本的利用模式之上，人地矛盾进一步加剧促使第二轮土地利用规划几乎以保护耕地为单一目标，锐化了与城市规划的矛盾。最后，近年来我国已经开始由追求城镇化速度转向为关注城镇化质量，在新型城镇化理念的指导下城市规划与土地利用规划的规划目的逐渐走向统一：追求社会、经济、生态综合效益的最大化。两规规划目的形成的共识，也衍生了二者在技术层面上相互协调、衔接的需求。

4.2 决策机制相逆

4.2.1 问题描述

传统的土地利用规划一般采用总体到局部、自上而下、逐级落实的基本方法（秦涛、隗炜、李延新，2009）。土地利用规划的五级规划体系是按行政区划等级划分的，由国家向省级单位分解相关指标，包括建设用地规模控制指标、耕地规模保护指标等，再由省级单位向市级单位、市级单位向县级单位、县级单位向乡级单位逐层下分。因为需要较强的约束力与监管力度来确保刚性目标的实现，土规对土地利用按权属对土地展开调查、记录的方式，在我国用益物权制度下能增强对土地资源的有效管理。然而，由于编制目的相对单一、发展基础薄弱，没有形成较完整的技术体系，刚性保护目标的设置与地方实际发展需求常常存在错位，加上与市场的结合度弱，进一步限制了土规对指导土地利用充分创造价值的缺位，使我国的土地利用规划本质上更似一种土地保护规划。

而城乡规划采取的是自下而上与自上而下相结合的工作思路，是从各行业用地需求的角度出发进行的土地利用时空安排（王军，2010）。城乡规划中，确定建设用地规模的依据是人口规模的预测与人均建设用地指标的确定，对人口规模预测准确性的依赖性较大，不利于应对未来的不确定性。此外，也缺少通过价格杠杆来调节土地资源空间配置的途径（汪云，2010），缺乏作为公共政策所需对实施成本、收益、风险、保障手段等的综合考量，使得城规内容的可实施性偏弱，很大程度上制约其在微观层面实际操作中的监管能力。

4.2.2 行政管理体制的分化作用

我国党政机构设置体现了对社会发展事务的专业化解构，由此也就分化出了经济、建设、资源管理等部门。这种形式虽然有助于提高劳动生产率和建立良好社会秩序，但也存在缺乏综合劳动机会、易造成部门间矛盾、难以把握区域差异与地方实际的问题（郑国，2008）。而这也是"规土矛盾"议题中颇受关注的问题：我国城乡规划属住房和城乡建设部管辖，但土地利用规划主管部门为国土资源部，这种分工一定程度上分离了土地的自然属性与社会经济属性，致使国土部门在重视土地自然资源属性的前提下致力于构建和谐的人地关系，而住建部门更直接参与土地创造社会经济价值的活动则注重"人际"关系的平衡；本是土地利用活动需要兼顾的原则，却由两个平级机构分管，难免因信息不对称造成处理问题时部门缺位或抢位的现象，此为一。加上各自体系内"上下关系"的区别，国土部门是一种决策下放执行的机制，而住建部门则是方案上交受审的过程，地方层面由此会产生两部门执行力的错位，此为二。

纵观历史，我国政府职能经历了从经济建设到物质建设，再到制度建设的转型（马定武，2005），而政府角色也出现了由"管控型"往"服务型"的转变。城乡规划作为政府行为，相应地也经历了辅助社会经济发展规划的无实效阶段、热衷城市开发建设的低效阶段以及近年来也逐渐转向发挥公共政策属性的提效阶段。随着政府职能的转变，我国城乡规划未来将朝着充分体现政府、市场和社会多元权利主体利益诉求的目标发展，因此将会再分化出新的规划参与者，即强化公众参与的成分。这种由经典的法令型规划向通俗的契约型规划转型（马定武，2005），将要求规划形成更灵活的操作性和更充分的弹性空间，但若政府管理松紧无度也会衍生新的挑战。有学者认为土地利用规划强烈的问题导向性，决定其会随着土地利用问题的演变而变化（王向东、刘卫东，2011），而这些问题一定程度上是城市规划失效的结果。因此，面对可能形成的问题，我们可以预见土地利用规划也面临着深刻的改革，而变革最核心的内涵便是与城市规划形成更好的协调机制，不是分异决策的规划主体，而是协调分工的管理主体。

4.3 利益主体分化

4.3.1 问题描述

计划经济时代，土地资源的配置由国家统筹安排，在空间规划与土地利用中基本只有国家一个决策主体和地方政府一个执行主体，因此不存在利益分化的问题。改革开放以后，我国便开始摸索经济体制的转型之路。1979 年 7 月国家颁布了《中外合资经营企业法》，规定可以出租批租土地给外商使用，土地利用成为试水市场机制的先锋领域，20 世纪 80 年代开始，深圳、广州、抚顺、上海也纷纷尝试收取土地使用费；直至 1988 年宪法明确规定"土地使用权可以依照法律的规定转让"，《土地管理法》随即确立了国有土地有偿使用制度。对土地开发逻辑的重新定义，可谓国家经济制度改革对城市规划最深远的影响。由此，我国规划主体与开发主体逐渐走向分离（朱介鸣，2005），拉开了城市规划制度化转型的序幕，1987年5月的城市规划管理专业座谈会上便达成了"三分规划、七分管理"的共识（邹德慈，2014）。然而实践中，城市规划并未发挥好调控管理的职能。在国家百废待兴之际，城市规划以开发建设为当务之急，对人地矛盾未形成足够的防患意识。于是，低效的土地利用方式对"人多地少"基本国情的负反馈不断积累，"六五"期间年均耕地减少达730多万亩，1985年更高达1500多万亩（张峰、李红军，2012）。因此，不难理解国家在1987年第一次尝试编制全国土地利用总体规划的初衷。但随着土规管理模式的确立，规划行为中又分化出一个中央政府。随着我国社会治理机制的不断完善，空间规划的公共政策属性也将逐渐显化，标志着参与规划决策的主体将具有更多元的背景，从而也促使我国规划编制在未来形成更加多元、综合的价值体系。

综上，随着我国土地政策和经济体制的改革，不仅我国空间规划属性发生了本质转变，也分化出了多元的利益主体，基本包括中央政府、地方政府、投资开发主体、普通市民。因不同的规划为相应的利益诉求代言，规划之间的矛盾本质上是利益主体争夺话语权的结果，而"规土融合"的根本出路在于利益协调。

4.3.2 土地财政下的激励作用

在二者规划机制相逆的前提下，城乡规划对地方政府的利益诉求具有更充分的考量，而土地利用规划则更多地体现了对中央战略安排的贯彻，但财政分权体制使二者的利益诉求出现明显分化，成为二者形成博弈关系的根本原因，这种博弈关系不仅损耗了各自的效用，还致使"规—土"无法形成合力，是推动"规土融合"中的关键阻力因素。

我国地方政府对土地利用直接收益的支配大体经历过以下几个阶段：1987年，土地使用费全部归地方所有；1989年，中央与地方实施四六分成；1992年，财政部第一次提出土地出让金的概念，同时将上缴中央的比例调为5%；1994年，分税制推行，土地出让金完全归地方所有（王勇，2009）。事实上，分税制具有"收入上集、事权下放"的特点，因此在地方对其他收入支配能力减弱的同时，容易激励地方政府从数量可观且具有自控权的土地出让金中做文章，即通过一系列行政措施极力扩大土地出让金规模，于是催生出一种以土地出让金为中心的财政来源的"土地财政"。据数据统计，地方土地出让金从1999年到2010年翻了45倍左右，占地方政府财政收入比例由5.6%上升到39.9%（骆祖春，

2012）。然而，城市土地资源是有限的，增量土地的出让只能通过征收农村土地来实现。《宪法》中对允许土地征用的标准是"满足公共利益的需求"，这一门槛设置得过于抽象，地方政府可以根据地方自身需求解读出千万种所谓的"公共利益"，并无法对征地意图起到应有的过滤机制。在宽松的征地许可之上，虽然国家规定地方政府征地需要给予补偿，但我国现有土地制度中模糊产权的弊端直接导致农民购买权、发展权、定价权等相关权益的丧失（刘东、张良悦，2007），农地价值无法全面显化极大地降低了政府占有土地的成本（黄贤金等，2009），从成本控制上也未能对地方政府的无序征地行为起到约束作用。2005年中国土地学会曾形象地指出了征地行为是"花1块钱买地，卖18块钱，净赚17块钱"暴利行为。在这样的制度背景下，城市总体规划的编制深受地方政府"圈地"思维的影响，甚至沦为助其合法化的工具（王勇，2009），一度引导城市陷入无序扩张、粗放发展的歧途中。

当地方政府在土地财政的激励下不再是"代理型政权经营者"，而转变为一种"谋利型政权经营者"（杨善华等，2002）时，使得充分贯彻着中央保护思想的土地利用规划在地方层面缺乏执行力。虽然土地利用规划系统内具有较严格的监管机制，但考虑到土规的实施管理模式建立在五级政权架构下，在信息层层上传的过程中损失概率大，存在显著的信息不对称问题，进一步促使土规在地方层面的失效以及相对弱势。

4.4 技术体系矛盾

4.4.1 问题描述

城乡规划与土地利用规划在技术体系上的矛盾，集中在讨论规划范围、规划期限、数据口径、空间管制、用地分类等方面。规划范围方面，城市规划关注城市建成区范围内的空间安排，土地利用规划关注市域整体范围，尤其体现在对农村耕地保护的重视。规划期限上，城市总体规划的规划期限一般为20年，而土地利用总体规划为15年。数据口径方面，传统城市规划对建设用地预测依托于对人口规模的预测，而人口规模预测采用常住人口口径，但土地利用规划中采用的却是户籍人口口径，致使城市规划预测结果大于土地利用规划结果；此外，城规的基础数据一般采用建设部门的统计资料或规划基期的实测数据，而土规建立起了一套延续、权威的土地变更调查数据系统，每次修编通过对上一年数据的核实纠正获取现状数据（秦涛等，2009）。空间管制方面，土规原本采用指标控制的模式，存在一定的刚性过强弹性不足的问题。因此，在第三轮土地利用总体规划编制时引入了空间管制的模式，将空间划分为"三界四区"，即建设用地规模边界、城乡建设用地扩展边界、禁止建设用地边界以及允许建设区、有条件建设区、限制建设区和禁止建设区。而城规的空间管制可概括为"五线四区"，即绿线、蓝线、紫线、红线、黄线以及已建区、适建区、限建区和禁建区。简单概括两类管制的区别，在于土规的空间管制体现的是一种底线思路，而城规的空间管制本质上只是分类思路。

用地分类方面，是二者技术矛盾讨论最热烈的内容。目前城乡规划采用《城市用地分类与规划建设用地标准》GB 50137—2011，而土地利用规划采用《土地利用现状分类》GB/T 21010—2007。此版新的城乡用地分类体系编制中已经注重与土地利用现状分类的衔接，同时体现城乡统筹原则，然而两套标准之间依然存在无法完全对接或分类交叉的问题（柴明，2012）。以城规的用地标准为基准，问题主要存在于城乡居民点建设用地、区域交通设施用地、区域公用设施用地、特殊用地和水域方面。城乡居民点建设用地的内涵小于土规中的城乡建设用地，主要是不包括采矿用地和独立建设用地；对次级分类中城镇建设用地规模的统计口径也不尽相同，一是关于统计范围是城镇规划区范围（城规）还是全域（土规），二是城镇建设用地内部的部分公园绿地该归入建设用地（城规）还是非建设用地（土规）。区域交通设施用地方面，主要是在军民合用机场归属于机场用地（城规）还是特殊用地（土规）。区域公用设施用地方面，主要集中讨论城规中对当中"区域"的判定具有主观性，且这类用地分散在土规中的其他独立建设用地、特殊用地、施工建筑用地等多种地类中。特殊用地方面，土规的内涵要明显广于城规。水域部分，主要问题在水库在城规中属于非建设用地，而在土规中属于建设用地（表4.1）。

两规技术体系差异汇总表　　　　　　　　　　　　表 4.1

技术体系差异领域	城乡规划	土地利用规划
规划范围	以城市建成区为重点	行政区划内全域
规划期限	20 年	15 年
数据利用	1. 人口预测：常住人口	1. 人口预测：
	2. 基础数据：规划基期年的实测数据	2. 基础数据：每年更新上年数据，具有一套延续其权威的数据体系

技术体系差异领域		城乡规划	土地利用规划
空间管制		五线四区：体现分类思路	三界四区：划定底线的思路
用地分类	采用标准	《城市用地分类与规划建设用地标准》GB 50137—2011	《土地利用现状分类》GB/T 21010—2007
	建设用地	城市建设用地、镇建设用地、乡建设用地、村庄建设用地	城市建设用地、镇建设用地、乡建设用地、村庄建设用地、采矿用地、独立建设用地
	区域交通设施用地	民用机场、军民合用机场	军民合用机场属于特殊用地
	区域公用设施用地	区域性能源、环卫设施等、区域性水工设施、殡葬用地	无此分类
	特殊用地	军事用地、安保用地	军事用地、安保用地、宗教用地、外事用地、殡葬用地
	水域	水库属于非建设用地	水库属于建设用地

资料来源：根据《两规协调背景下的城乡用地分类与土地规划分类的对接研究》整理

4.4.2 法制建设不完善

由于技术体系只是服务于规划实践的工具，因此技术矛盾根本上源于规划目标的不一致。例如，城市规划是一种立足发展建设目标出发的空间安排，因此其用地分类显著体现了功能分区的思路（周剑云、戚冬瑾，2006），而土地规划立足资源保护的规划目标，土地利用分类便更侧重于土地的资源属性。然而，抛开两规固有特征的差异，从我国整体在空间规划管理方面的制度建设情况来看，造成二者技术体系存在交叉矛盾的重要原因是法制建设不完善的问题。1990年正式实施的《中华人民共和国城市规划法》，2008年因发展需求修订为《城乡规划法》，这是我国至今唯一一部专门针对规划的立法。相较之下，土地利用总体规划并未形成专门的立法，只在《土地管理法》中设置了专门的章节进行说明，对土规的技术细节考虑不全。一方面，两规遵循的法规体系分化，自然容易制定出交叉甚至是矛盾的技术体系，当然这与我国两规行政管理部门分离有着绝对的关系，但也说明我国对空间规划尚未形成一个整体的概念，无法形成一套法律规范对各种空间规划行为形成约束、指引。另一方面，虽然我国建立起了社会主义市场经济，政府也正朝着服务者角色转型，但在某些领域一定程度上还带有计划管控色彩，在土规中体现得尤为明显；在这样的制度逻辑下，约束力的体现依赖于具体的方法设计进行过程管控，而不是通过法制建设设置行为准则实施结果控制，因而这方面制度建设的不足也与我国整体治国思路有着密切的关系。今后，随着政府转型的不断深化，空间规划的公共政策属性将逐渐显化，空间管控也将全面转化为空间治理，便也会逐渐弱化对技术细节的执着，而是用健全的法制环境来实现行为规范、价值引导。

4.5 本章小结

我国"规—土"之间的核心矛盾包括规划目的相抵、决策机制相逆、利益主体分化和技术体系矛盾。规划目的相抵根植于我国城镇化进程中长期以来的城乡二元体制，决策机制相逆是依附于行政管理体制架构的客观局限，并且其建立起了"规土矛盾"的核心框架。国家层面上，实行专业化分工管理机制，因此两规在决策层形成了一种平行关系。正是决策层面的这种分工，促使两规在法制建设方面自成体系，技术体系发展"各取所需"，因为分工情况下技术条件与法规依据不一致并不影响工作效率。然而，在地方层面上，由于必须同时执行城规与土规，各种矛盾便集中爆发，致使地方政府常常陷入两难，也就产生了各种"上有政策、下有对策"的博弈行为。此外，我国现有行政管理体制在权利纵向分配的过程中，土规主管部门和城规主管部门分别采取决策下放和方案上交受审两套相逆的程式，于是土规某种意义上是国家要求的"发言人"，而城规是地方发展诉求的代言人。一旦国家与地方的利益发生分化，便会直接导致两个规划结果导向的相对。此时，1994 年建立起的分税制及由此衍生的土地财政问题成为这一利益分化的驱动器，地方政府受土地财政的影响容易因趋利心理而选择不理性的发展道路，加上地方对城市规划编制具有更大的自主权，于是导致了城市规划在一定时期内对公共利益的迷失，直接与土地利用规划成为对立面。然而，即使城规客观理性，土规自上而下的编制思路，加上层层上报过程中信息损失的问题，还是存在土规与地方实际情况脱节的风险，难以在地方层面获得较好的执行。

综上所述，我国规土现存的核心矛盾是历史积累作用下形成的，存在路径依赖、体制掣肘的问题，而体制掣肘最大的矛盾又集中在行政管理体制上。未来破局的关键，一在于路径创新，二在于制度改革（图 4.1）。

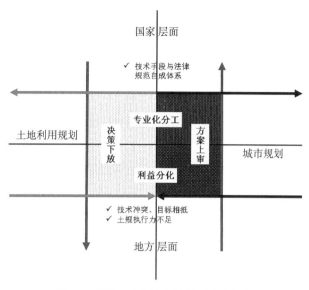

国家层面

✓ 技术手段与法律
规范自成体系

专业化分工

土地利用规划

决策
下放

方案
上审

城市规划

利益分化

✓ 技术冲突、目标相抵
✓ 土规执行力不足

地方层面

图 4.1 "规—土"核心矛盾形成的机制

2

实践篇

第五章　国外经验借鉴

国外大部分国家没有将土地利用规划和城市规划分离，因而不存在"规土融合"的改革需要，但国外各国规划体系各异，大部分国家都存在多个规划并存的状态，空间规划和其他规划、空间规划之间、负责规划的各部门之间的协调仍然值得国内借鉴。尤其是当前中国正在推进"多规融合"实践，实现空间规划管理的"一张图"模式，需要借鉴西方的经验。正是基于上述认识，本章对日本、美国和英国三个国家的规划管理与部门协调开展案例分析，并总结相关经验以期对中国"规土融合"或"多规合一"实践有所启示。

日本、美国与英国分别是亚洲、北美洲和欧洲国家，日本和英国在近年来对其规划机构和规划体系进行了一定程度上的变革，对于我国规划制度改革有借鉴意义，而起源于美国的城市增长边界是国内推进"规土融合"的一个重要发展方向。这三个国家的规划体系、空间管控都各具特点，三个国家在规划中进行协调和各机构合作的实践经验可以为国内"规土融合"或"多规合一"的理论与实践提供新的思考视角。

5.1 日本

5.1.1 顶层机构大部制改革和规划体系全面变革

日本空间规划在中央由国土交通省负责，国土交通省在 2001 年实行了大部制改革。国家对地方给予很多许可权和批准及国库补助金，日本规划制度表现为强有力的中央集权。

2005 年，日本进行了规划体系的改革，《国土综合开发法》修订并改名为《国土形成计划法》，2008 年，全国层面的国土形成计划编制完成并通过内阁会议

（国土交通省国土计画局综合计画课，2007）。日本国土规划体系主要由国土形成计划（2005 年之前为国土综合开发规划）、国土利用计划、土地利用基本计划组成。国土形成计划是全国土地利用、开发和保护的全面基本计划，分为全国计划和广域地方计划，弥补了原来国土综合开发规划由国家主导没有听取地方意见的缺点，强调国家与地方协作。国土形成计划改变了原来强调量的扩大的基调，转变为成熟的社会型的计划，计划内容存在一定的扩充与改变，包括资源利用、城乡布局、产业分布、交通等基础设利用和维护、海洋利用、环境景观、防灾减灾、确保国民生活安全安心安定等内容。国土利用计划是确定国土利用的目的、用途、规模、必要实现措施的综合性规划。土地利用基本计划在国土利用计划的基础上，划分为城市、农业、森林、自然公园、自然保护区五种地域，并制定各类地域的土地利用规划。日本规划法律中包括《国土形成计划法》《国土利用计划法》《地方自治法》等法律。同时，土地利用计划划分出的五类区域都有相应的法规与之对应（徐颖，2012）（图 5.1）。

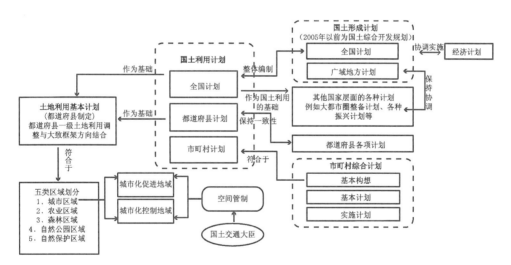

图 5.1　日本规划间的协调

5.1.2　各层面规划协调与部门协作

2005 年的国土规划体系的改革要点是简化和整合国土规划体系，重组为易于被公众理解的国土规划体系（国土交通省国土计画局综合计画课，2007）。从各类规划的协调来看（见图 5.1），国家层面的国土形成计划和土利用计划是两种相互平行的规划，二者之间相互协调，整体编制，合二为一，且在所有开发规划中处于中心地位（国土交通省，2008），相关规划有与其协调的义务。国土利用计划是国土利用和国家其他计划的基础。经济计划是中长期经济目标和发展优先顺序的确立，会定量地提出一些发展目标，但不会严格规定执行的细节。经济计划、国土形成计划与国土利用计划是相互协调实施的规划（白成琦，2000）。

从地方层面来看，《地方自治法》在1969年修正后提出各地方公共团体可以编制包含基本构想（长期计划，一般为十年）、基本计划和实施计划的综合计划（稚内市關于综合计劃，2009）。市町村基本构想要与其国土利用计划相互符合，各领域的规划（包括都市计划、环境基本计划等）都要基于综合计划，综合计划为其余规划编制的基准。2011年随着地方分权改革的推进取消了综合计划的编制义务，由地方议会决定其编制与否，越来越多的地方公共团体制定地方法规条例来继续编制综合计划。以名古屋市为例（名古屋市都市計画審議会，2009），其综合计划主要内容包括现状及课题研究、未来展望、实施策略等部分。都市计划包括制定背景、长期发展视角、政策方针、各方面构想、制造业发展战略、评价审查方针等内容，在编制中要求考虑环境影响评价。环境基本计划，以大阪市和名古屋市为例，内容更为注重课题研究，具体内容包括目标、对策的指导、应对各类环境问题的对策、环境目标和参与主体的合作。

日本规划中的部门协调可以概括为各部门交叉进行规划制定，并在规划实施中紧密配合。大部分规划的制定都有各类审议会的参与，强调规划中国家和地方政府、当地居民、民间企业等各种团体的积极参与与协作。以大阪市为例（大阪市総合計画審議会，2001），综合计划由综合计划审议会组织编制，委员由有经验的学者或其他市长认为合适的人担任，审议会干事由消防局长、交通局长、自来水局长等政府职员担任，辅助审议会进行规划的制定。都市计划由地方常设的规划主管部门、城市规划审议会、专设的规划工作组、规划协议会等机构来共同进行编制工作，规划工作组的组长为规划主管部门的领导，负责对政府内部工作进行协调（李京生，2000）。

日本规划在空间管制方面主要依靠城市层面的土地利用基本规划来进行控制，土地利用基本规划中划分出的城市区域进一步分为城市化促进地域和城市化控制地域。城市化控制区域一般不允许进行与农业无关的活动，城市发展受到管制。

5.1.3 日本案例的借鉴意义

日本规划体系类型比较丰富，但从法律上确定了国家层面国土形成计划和地方自治体层面综合计划的中心地位，相关规划需与之相协调。我国目前虽然提出城市总体规划要与土地利用规划相协调，但二者主从地位不明，难以在现有制度和法律框架下有效衔接配合。

日本的中央机构在2001年的行政改革中完成了大部制改革，原运输省、建设省、国土厅和北海道开发厅合并成为国土交通省，该部门规模大，管辖范围广泛。2005年对于《国土综合开发法》进行的修订废除了不合时宜的规划，优化了区域规划，整体简化了土地利用规划体系，明确了空间规划之间的关系。可见对于规划体制顶层设计的改革、对于规划体制的适时梳理是规划适应新的政治、经济和社会背景的重要方式，可以有效减少在顶层机构间的沟通成本，使规划体制适应社会经济的发展。

5.2 美国

5.2.1 地方主导的规划体系

美国联邦机构中住宅和城市开发部（Department of Housing and Urban Development，简称HUD）不直接接触城市规划，其主要任务是创造一个强健、可持续、稳定的社区和为所有人提供实惠的房屋。州政府与联邦政府之间不是隶属关系，各州具有相对独立的立法、司法和行政权，是分权制的架构，州政府可根据具体情况管理本州的土地资源，不存在统一的管理模式。

美国城市规划法的系统可以分为三个层级：联邦规划法规、州规划法规和地方规划法规。20世纪20年代颁布的《州分区规划授权标准法案》（Standard State Zoning Enabling Act）和《城市规划授权标准法案》（Standard City Planning Enabling Act）是美国规划和区划的基础法律，为各州授予地方政府规划权力提供了立法参考模式（孙晖，梁江，2000）。各州政府通过制定规划授权法案对地方政府的规划活动进行界定和授权，大部分州规划法案是针对特殊地区制定的专项法规。美国联邦政府对规划不实行统一的管理，编制完成的规划经过地方议会批准后具有法律效力。

5.2.2 权责明确的部门协作与规划协调

以费城综合规划（Philadelphia 2035）为例探讨不同规划间的关系。费城综合规划包含了介绍、定义现状、巩固优势、构建未来和实施方案，涵盖了用地、交通、公用设施、住房、经济发展、环境等方面内容（City of Philadelphia，2014）。发展战略和发展目标中提出了一些量化指标，在一定程度上包含了与我国国民经济与社会发展规划相似的内容。

综合规划中包含城市投资项目，通过多个部门共同决定对费城的基础设施、社区公共设施和公共建筑的投资。费城的投资项目由规定城市规划委员会（The City Planning Commission）主导编制过程（City of Philadelphia，2014），投资项目优先性的确定要将费城 2035 规划、社区规划中的建议纳入考虑。许多地区会制定投资发展计划（Capital Improvement Plan/Program，列出未来的投资项目及相应融资方式）并将其与综合规划紧密结合在一起。以佛罗里达州为例，州法律规定投资发展要素（Capital Improvement Element）是城市总体规划的一部分，用于概述社区基础设施和服务的资金需求，投资发展计划则是投资发展要素的配套计划（City of Winter Springs，2013）。在环境方面，《国家环境政策法案》（National Environmental policy Act）规定申请联邦基金资助的建设项目要做环境影响评估，并提交"环境影响报告"。

费城综合规划对规划中的部门合作做出了详细的阐述。1951 年制定的费城家乡自治宪章（Philadelphia Home Rule Charter）中明确规定城市规划委员会（The City Planning Commission）负责城市综合规划编制，城市规划委员会处于规划中的领导位置，负责统筹其他部门和团体的意见。城市规划委员会在规划制定过程中向两个顾问小组咨询意见（见图 5.2），其中城市工作小组（The City Working Group）由城市各部门代表组成，其任务是制定相关规划，对于规划建议的实施负责，小组成员要定期会面并给予城市规划委员会批判性的回应。外部咨询委员会包含公共、私人和非营利组织的区域领导者，代表了教育、设计、商务、社区宣传和社会服务等机构。

在规划的实施过程中也需要费城各部门的协调和配合，明确各个部门在不同规划阶段的具体分工，分离不同规划环节的参与主体。在韦恩枢纽站经济与交通导向开发这一项目中，在宾州东南部交通局（SEPTA）的主要负责下，相应城市部门（PCPC 费城城市规划委员会、费城重建局、Nicetown 社区发展公司等）协调相继进行规划、筹资、建设等方面的工作（图 5.3）。

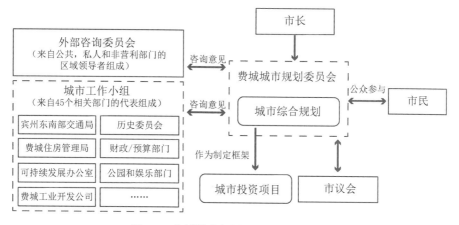

图 5.2　费城综合规划制定与实施过程

资料来源：根据 Philadelphia 2035 Citywide Vision 相关资料总结修改

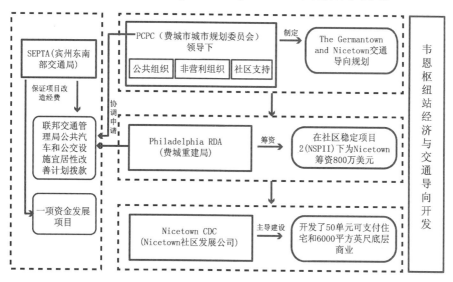

图 5.3　韦恩枢纽站开发中的部门合作

资料来源：根据 Philadelphia 2035 Citywide Vision 相关资料总结修改

5.2.3　以城市增长管理为核心的空间管制

　　城市的空间管制主要通过对农地的保护和城市增长边界、增长管理策略完成（Jun，2004）。美国的农地保护主要通过减税政策、立法和区划等措施实现（冯文利等，2007）。华盛顿州、俄勒冈州、田纳西州等十个州已经实施城市增长边界的相关规划措施，多数州的规划项目以俄勒冈州的实践为模板（New Jersey Office of State Planning，1997）。

《华盛顿州增长管理法案》规定区域内环境关键地区、农地和森林受到保护，城市总体规划中需确定城市增长区域，人口、就业、住房和活动增长集中在特定的城市增长区域。华盛顿州区域规划组织普吉特海湾区域议会（Puget Sound Regional Council）负责普吉特海湾中部地区增长管理的实施。图 5.4 为普吉特海湾中部地区的区域增长战略，人口与就业的增长集中在特定的城市增长区域，在特定的城市增长区域中，各类活动增长集中在城市地域，在城市地域中集中在中心地区（区域增长中心位于大都市和核心城市内）。在俄勒冈州，土地保护及发展委员会（Land Conservation and Development Commission）要求全州城市将城市增长边界纳入社区总体规划中。在波特兰大都市区，区域规划组织 Metro（包括 25 个城市）负责城市增长边界的制定，俄勒冈州法律规定 Metro 议会每六年对波特兰区域的城市增长边界进行评估，明确规定了申请大、小变动的程序和条件。1998 年田纳西州通过了《增长政策法案》（Public Chapter 1101，the Growth Policy Act），法案未规定州域统一的增长管理方案，但指定田纳西州政府间关系咨询委员会（Tennessee Advisory Commission on Intergovernmental Relations）负责监管该法令的实施（见表 5.1）。

美国华盛顿等三州增长管理组织结构体系 表 5.1

制定 / 监管机构	华盛顿州普吉特海湾区域议会	俄勒冈州 Metro	田纳西州政府间关系咨询委员会
监管范围	包括普吉特海湾区域 71 个城镇	包括波特兰大都市区的 25 个城市	田纳西州
法律依据	华盛顿州增长管理法案（The Washington Growth Management Act）	俄勒冈州参议院第 100 议案（Oregon Senate Bill 100）；Metro 法典（Metro Code）	增长政策法案（Public Chapter 1101）
评估 / 修改	年度综合规划修订时可进行修改增长边界申请	每六年进行一次评估	至少三年不进行修改
预测年限	二十年	二十年	二十年
会议安排	每月 1 次	每月 2 ～ 5 次	每年 2 ～ 6 次

近年，国内城市规划界也开始引进美国的"城市增长边界"概念，并探讨其在中国城市规划实践中的应用，武汉在 2012 年对都市发展区组织编制了《武汉都市发展区"两线三区"空间管制与实施规划》，划定城市增长边界（即 UGB）和生态底线"两线"。虽然通过《武汉市基本生态控制线管理规定》这一政府令的形式对生态底线区、生态发展区的划线、项目准入、调整程序及分区管控进行

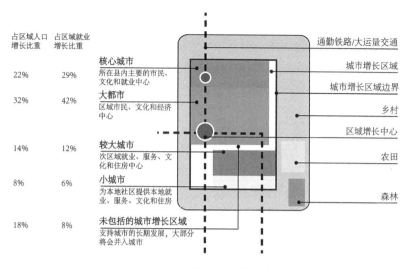

占区域人口 增长比重	占区域就业 增长比重		
22%	29%	**核心城市** 所在县内主要的市民、文化和就业中心	
32%	42%	**大都市** 区域市民、文化和经济中心	
14%	12%	**较大城市** 次区域就业、服务、文化和住房中心	
8%	6%	**小城市** 为本地社区提供本地就业、服务、文化和住房	
18%	8%	**未包括的城市增长区域** 支持城市的长期发展，大部分将会并入城市	

通勤铁路/大运量交通
城市增长区域
城市增长区域边界
乡村
区域增长中心
农田
森林

图 5.4 普吉特海湾中部地区战略规划图

资料来源：根据 Vision 2040：The Growth Management, Environmental, Economic and Transportation Strategy for the Central Puget Sound Region, Metro Code, Tennessee Growth Policy. Wasjomgtpm State Legislature 等资料整理总结

了规定，并提出线内既有项目的清理整治原则和要求，但并未确定具体划线的有效年限，各个部门之间虽然明确了职责，但没有建立如定期会议等形式的沟通机制。此外，目前对于城市增长边界的具体划定和修改等内容并没有形成相应的法律法规体系。

5.2.4 美国案例的借鉴意义

城市总体规划的编制需要以法律形式确定负责进行部门间协调的机构，制定详细的交流流程和制度，保障各机构间的充分沟通。划定城市增长边界既需要对于城市发展预测的远见也需要根据不同发展情景进行灵活调整。城市增长边界的确立要适应市场经济的发展规律，应当根据城市在过去一段时间内土地和人口增长速度来确定，注重土地供应的结构比例均衡发展，强调土地的集约节约利用。根据美国经验来看，应当强调区域层面上对于城市扩张的管控，加强区域协作，重视以大都市为核心的都市区城市增长边界划分。区域间各城市规划应相互衔接，在区域层面对城市增长进行统一的空间管制。

武汉市目前的城市增长边界以单体城市进行划定，根据美国经验来看，应当强调区域层面上对于城市扩张的管控，重视以大都市为核心的都市圈城市增长边界的划分，协调区域发展。

5.3 英国

5.3.1 单一性规划体系及其调整

英国行政体系中与城市规划相关的内阁部门是社区与地方政府部（Department for Communities and Local Government，2015），其职责是创造工作和生活的良好地域，使规划系统更有效地发挥作用。地方规划机构包括各地区的议会、国家公园部门等。

英国城市规划体系在 2004 年《规划与强制征收法案 2004》（The Planning and Compulsory Purchase Act 2004）之后进行了调整，将规划体系建立在国家、区域、地方三个层次上。国家层面指定了国家规划政策框架，对内容各异的地方和街区规划起引导作用。英国政府在 2011 年通过地方主义法案（Localism Act 2011）废除了区域规划层级，但在伦敦地区，区域的空间发展战略伦敦规划（London Plan）仍然是法定规划的一部分（Department for Communities and Local Government，2015）。地方层面上，英格兰各郡、区和民政区议会负责编制"地方发展框架"（LDF：Local Development Framework ），其中最重要的内容是核心战略（Core Strategies）。规划管理同时以签发开发规划许可证控制地区的土地开发活动，整个规划体系比较单一。

5.3.2 地方发展框架基础上的规划协调与部门协作

地方发展框架由地方政府制定，为地方政府提供空间发展的策略。作为承载各类规划和政策策略的平台，在促进地区发展中发挥着重要的总揽作用。环境评价与评估是发展框架的必要补充。欧盟环境影响评价（EIA Directive）仅针对具体项目对当地的环境影响，战略环境评估（Strategic Environmental Assessment）是对环境影响评价的补充，是一个系统性的决策支撑过程，用以保证在政策、规划制定过程中考虑到环境和可持续发展的内容。英国的地方规划中战略环境评估的实施使规划和政策与环境保护相协调。

部门协调方面，以曼彻斯特市地方发展框架为例，在核心战略中，多次提到各项战略规划实施中需要城市内各个部门的协作，在绿色基础设施执行战略中，策略实行的责任部门包括市议会、环境部门等机构（Manchester City Council，2012）（见表 5.2）。

5.3.3 以设立绿带为措施的空间管控

英国城市空间管制的主要措施是设立绿带。建立绿带最基本的目的是使土地永久作为开放空间来防止城市蔓延。国家规划政策框架（National Planning Policy Framework）和规划政策指导注释 2（Planning Policy Guidance Note 2：Green Belts）规定绿带内不能进行不适宜的开发活动，并明确规定了更改绿带范围的条件。图 5.5 为曼彻斯特市核心战略空间规划模式图，图中标明了城市中不同开发密度区域、战略就业和居住地点以及绿带。

核心战略政策	项目	责任部门	资金来源	时间
EN9 绿色基础设施	曼彻斯特绿色基础设施发展战略	曼彻斯特市议会，环境部门，联合公共事业公司，自然英格兰，红玫瑰森林	曼彻斯特市议会	2010—2015

曼彻斯特战略规划实施中的部门合作　　　表 5.2

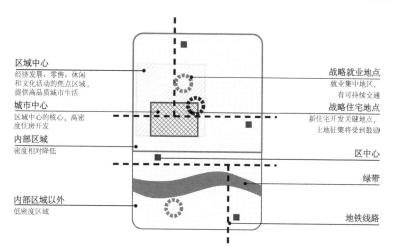

图 5.5　曼彻斯特市核心战略空间规划图

资料来源：根据 Local Development Scheme 2010—2013，Manchester's Local Development Framework Core Strategy Development Plan Document 等资料整理总结

5.3.4 英国案例的借鉴意义

英国的规划体系在 2004 年和 2011 年发生了较大程度的调整，地方规划部门管理组织结构发生变化，独立的城市规划部门有所减少。可见规划体系根据不同时期情况进行调整能够使规划实施更为高效、有针对性。基层规划机构的改革可以有效地使协调成本内部化，促进规划间更好地协调。英国通过国家层面的法律对于绿带划分、不适宜的开发活动和修改绿带的条件等内容进行了详尽的规定，

在地方层面的操作过程中，管理也非常到位。

5.4 国外经验总结

日本的规划体系与中国比较相似，都有较为复杂的规划体系。对于美国而言，国家对规划不做统一管理，各种规划由区域或城市自行编制，各个城市和区域的规划实践比较多元。英国的空间规划体系比较单一，由中央到地方呈现二级或三级体系，涵盖从宏观政策导向到具体策略落实。

5.4.1 规划机构调整与规划体系改革

从规划机构调整来看，从日本大部制改革、国土规划体系调整和英国地方规划机构的调整，从顶层设计和基层层面改变了规划部门管理的组织结构，这有效地从各个管理层级减少部门间的沟通成本。

规划体系改革出现了地方化倾向。国家层面的规划更注重听取地方意见，其规定内容更多的是提供政策框架和方向，由地方根据各自的实际情况制定具体发展目标、实施方式等内容。

5.4.2 空间管控策略制定

空间管控方面，国外城市增长边界、绿带的设立和管理机制值得我国借鉴，在统一空间管制的基础上，明确分工和协调方案，能够使空间管制过程既适应城市的发展，也起到保护生态环境、遏制城市无序蔓延的作用。

5.4.3 各类规划间的协调与融合

国外规划体系中，土地利用规划与城市规划基本不进行区分，仅在个别地区如自然保护区、国家公园等处，独立制定相应的规划。环境影响评价是对环境和生态进行保护的重要手段，同时城市规划中包含环境保护部分，也有相关的环境专项规划，多种方式保障可持续发展观念贯穿城市发展。投资项目计划与城市规划协调制定、配套实施，有利于增强规划基础设施和公共服务的落实。

5.4.4 城市规划内容扩展

国外城市总体规划内容范围非常广，常常涵盖经济、住房、社区设施、基础设施、环境保护，有些也可能涉及社会文化等领域的内容。规划内容多为引导性的框架，且可以为社区、商业、投资等行为提供一定确定性的指导。规划的制定、组织机构、修改、实施普遍有完善的法律法规，整个规划制定和实施过程都可以做到有法可依。

5.5 本章小结

中央城镇化会议提出要坚持一张蓝图，为每个城市特别是特大城市划定开发边界，国家新型城镇化规划提出要完善规划程序，推动有条件地区进行"多规合一"实践，新型城镇化的推进为"多规融合"提出了新要求。空间规划间相互协调，与经济建设和社会发展目标一致，兼顾生态环境效益，统一协同的规划体系才能为城市的决策提供稳定有效的决策依据，作为城市统筹发展的重要参照内容。国内学者已经对上海、广东等地"多规融合"的成果和经验进行了总结（姚凯，2010；胡俊，2010；赖寿华等，2013）。黄叶君（2012）认为国内多地区的"三规合一"普遍采用体制改革和规划整合两种方式。林坚（2014）等认为规划协同的重点在于共同责任下的协作配合，明确各类规划工作者的角色定位。国内"多规融合"的实现，离不开制度、法律、规划目标与内容的变革。

5.5.1 开展制度改革，推进顶层设计创新

各个规划有不同的主管部门，审批机关、规划期限不一，体制是"多规融合"最大的制约因素。制度管理改革是进行"多规融合"工作的基础，制度管理改革的核心是要在一个主要部门或者机构的主导下，多部门联合进行规划编制。整个规划协调和决策过程需要在中央层面或者地方层面进行制度和流程设计，统一空间规划管制内容，将国民经济与社会发展规划的目标与主要项目和空间落实同步考虑，以环境影响评价作为准入门槛，统筹多规融合。

部门间的合并可以解决部门现有的利益冲突，将外部矛盾转化为内部矛盾，使规划协调更为灵活便捷。日本和英国的经验表明，为了适应新的发展和规划需求，在顶层和基层的部门合并都可以成为改革的具体措施。城市规划与国土部门的合并仍然停留在基层机构的合并，顶层机构如国家发展改革委、住房和城乡建设部、国土资源部等部门合并存在许多障碍。为了贯彻落实国家新型城镇化规划，加强各部委间的统筹协调，我国已经建立了推进新型城镇化工作部际联席会

议制度，由国家发展改革委主任承担召集人角色。"多规融合"的推进也可通过类似成立部际联席会议制度的方式进行。

现有的规划应向希利（Healey）提出的联络性规划转型，规划师要重新审视自己的职业功能，积极承担起统筹协调不同意见、过程、行动的责任，确保规划成果的一致性和指向性。城市规划工作的核心应当转向联络和沟通，与各种分析和制定方案工作相比，和各部门、各利益集体的交流联络更应当是规划师工作的主要内容（张庭伟，1999）。

5.5.2 完善空间法律法规体系

"多规融合"工作推进需要法律的支持。进行国家一级的统一规划立法，完善规划法律体系，用相关的规划法全面规范全国的规划工作，或者对于各类规划法规进行修编以明确规划间的关系。完善现有的空间法律法规体系，对各类规划机构设置职能、机构之间相互关系进行法定化的确定。经济社会发展规划目前还没有法律依据，尽管《城市规划法》《土地管理法》都规定了两个规划应当相互协调、衔接，实践中，由于各类规划编制部门、规划目的、期限、技术标准不同，空间规划权力在不同部门间的分置、主从关系难以确定，规划之间往往难以协调。空间管制是"多规融合"协调的重点，国外规划有较强的法律权威性，我国"规划融合"的最终成果应以法律形式加以保证，控制好生态环境保护的底线和城市发展的界限，引导城市合理有序发展。

5.5.3 转变规划观念，规划目标向多元化发展

随着社会的发展与进步，经济、社会、生态环境问题越来越成为规划的主题，规划目标与内涵也相应发生了转变，由过去只重视物质空间形态转变为空间、社会经济和生态环境共重的综合性规划。城市总体规划更倾向于提供城市未来一定时间段内增长、保护、经济发展、公共投资和整体形态的框架。在城市层面，在向存量规划转型的过程中，比起空间结构，应当更加关注经济发展、人口分布、社会和谐、社区发展、生态环境保护等内容。多种规划相互协调要重视具体项目的落地实施，规划的公共设施与政府投资项目、中期财政规划相结合，使项目在实际建设过程中可得到资金支持，切实落实。在规划制定后，要重视具体实施过程，在实施中强调城市部门之间、相关机构之间的合作，同时注重信息公开，定期进行规划实施评价。

第六章　创新实践综述：武汉市"规土融合"实践的困境、理念与内容体系

在第四章，具体解读了"规—土"之间的核心矛盾，站在宏观层面上解读了我国政治、经济发展特征所发挥的根本作用。总的来说，城镇化战略引导了价值取向、土地政策决定了规划逻辑、财税制度助长了利益分化、行政管理体制导致了信息不对称。然而，虽然宏观政策体制环境深刻地影响了整体空间规划的运作机制，但由于地方处于实践的第一线，二者在具体操作中的直接交锋还衍生出了层次更丰富的问题。相应地，对地方执行层面的相关应对策略的解读，提供了整体空间规划体系重构的"地方响应"视角。毕竟，一个成熟完善的规划系统，不仅需要有范式，还需要有路径。

武汉市的"规土融合"发展具有良好的先天优势，相关实践始终走在国内前沿；随着实践创新的不断积累与深化，已经形成了较为全面、系统的改革经验，可以成为地方有益探索的典型代表。因此，本章通过归纳总结武汉市推动"规土融合"的核心思路，集中解决"规土融合"的路径设计问题；同时，结合调研访谈中地方反馈的发展瓶颈思考破题方向，也为探索我国空间规划管理体制重构提供了一个"自下而上"的视角。本地调研涉及武汉市国土资源和规划局、武汉市土地利用和城市空间规划研究中心、武汉市规划研究院等，受访者属性覆盖了决策领导层、部门主管层、一线规划师，能够从"决策—管理—操作"方面提供较全面看待问题的视角。

6.1 实践创新发展环境

立足新的发展时期，武汉市叠加了多重国家层面的战略意义，将来必将是国

家空间发展战略的重要节点，为其建设国家级中心城市积蓄了重要影响力。在主体功能区规划中，作为中部地区的中心城市，不仅是中部重点开发地区的核心，也是擎动中部崛起的支点；此外，在国家"两横三纵"的城镇化战略格局中，又位于沿江通道与京哈京广发展轴的交点，处于国家空间格局战略中点的得天独厚的区位优势又将极大助力其谋求国家中心职能城市的发展愿景。在 2014 年国家出台的新型城镇化规划中，进一步强化了武汉市依托长江中游城镇群在中西部地区乃至全国的优势地位。2015 年，长江中游城镇群发展规划获批，该区域正式被定位为中国经济发展新增长极、中西部新型城镇化先行区、内陆开放合作示范区和"两型"社会建设引领区；作为城镇群的核心城市，武汉市同年获批新型城镇化试点城市，其发展迎来了更多的机遇与挑战。

此外，武汉城市圈 2007 年便获批"全国两型社会综合配套改革试验区"，开始按照"资源节约型和环境友好型"的总体要求，形成了一系列规划引导机制、政策促进机制和改革试验推进机制。2009 年，湖北省针对武汉城市圈发展相继出台了空间规划、产业发展规划、综合交通规划、社会事业规划和生态环境规划 5 个专项规划，空间规划层面上提出了"空间集约化开发"与"产业空间集群化"两大战略，也专门强化了在土地管理改革方面的力度，编制了改革专项方案上报国土资源部，还在城市圈各市联合启动城乡建设用地增减挂钩试点，以缓解用地计划不足的压力（图 6.1）。

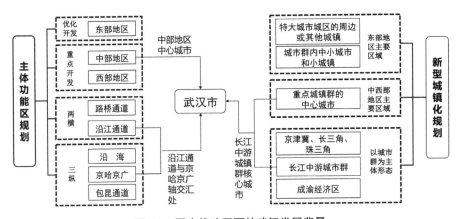

图 6.1　国家战略层面的武汉发展背景

总的来说，武汉市"规土融合"工作推进所处的政治经济环境具有如下两个主要特征：一是，处于城镇化与工业化加速发展的时期，资源环境约束将加剧；二是，作为"两型社会试验区"，对土地节约集约利用具有更高的要求，同时也能在相关实践探索中获得更宽松的政策环境。

6.2 实践创新的主要内容

6.2.1 创新规划体系

城乡规划与土地利用规划具有相对独立的编制体系，除行政区划层面上的分级，还包括专业分工、详略分配等内涵上的划分。目前关于两个总规之间的协调与衔接的讨论较多，但基本是笼统地在城市总体规划与土地利用总体规划这一层级上开展讨论而缺乏对各自纵深规划体系层面协调的深入探讨。在这方面，武汉市走在了前列，其建立起了"两段六层次，主干加专项"的规划体系。"两段"指的是导控型规划和实施型规划；"六层次"包括导控型规划中的总体规划、分区规划、控规导则，以及实施型规划中的近期建设规划、年度实施计划、重点功能区规划；而这些统称为主干规划，此外再根据实际需求编制有关的专项规划。在这套规划体系中，武汉市总体采用的是"分层对应、相互支撑"的思路（马文涵、吕维娟，2012），不仅将每个行政级别的总体规划建立——对应的横向协调关系，还强化了"总—分—控"的纵向深化关系。这个体系为多规互相沟通建立了良好的基础，同时通过编制过程的分级同步推进，能较有效地促进同级规划的协调一致，避免分头行动带来后期协商修正的不必要麻烦（图 6.2）。

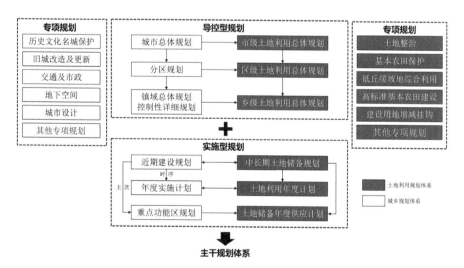

图 6.2 武汉市"二段六层次、主干加专项"规划编制体系结构示意图

除了理顺了整个规划体系框架，还构建起了"两规融合"的平台。武汉市在规划体系构建中的主要创新还在于推动实施性规划的发展，为"两规融合"实践提供了切实可操作的切入点，也使得"规土融合"从一种编制理念发展为一种实践手段。武汉市对实施性规划概念的界定是："为了满足城市阶段性发展需要，在城市总体规划、发展战略规划、国民经济和社会发展规划、近期建设规划的指导下，从空间上统筹各类建设活动，有目的、有重点和有计划地整合城市优势资源、引导城市投资方向、安排城市重大建设项目、提升城市重要功能和实施城市规划的重要手段（黄焕、付雄武，2015）。"之所以说实施性规划使"规土融合"的内涵发生了外延，主要体现在以下四个方面：

（1）充分考虑土地的资本属性，实施性规划编制的出发点不是"技术合理"而是"实践可行性"，其通过整理土地资源、清算土地成本，预先考量好拆迁还建的平衡关系，进而运用市场机制有序展开具体地块的招商工作，对于难以自我平衡的地区推动跨区域捆绑的形式尽力确保更大区域范围内的经济平衡，这样一来，能够有效避免土地出让后缺乏投资建设资金的困境，尤其在城市更新中具有积极意义；除了充分考虑土地经济价值，实施性规划以土地权属作为划分地块的依据，这样可以有效避免规划中将同权属地块分割开发的问题。

（2）建立"过程跟踪式"服务，实施性规划会针对项目制订详细的实施计划，包括地块招商、安排建设时序、市场调查、业态体系设计，甚至针对每种业态的客户群体、经营形式提出适宜的开发方案，将空间化的控制内容转化为项目化的实施平台（黄焕、付雄武，2015）。

（3）通过制度设计提供保障，传统规划一般采用空间设计技术，但忽略了作为公共政策在制度设计方面的重要作用；武汉市实施性规划便建立起了"体制支撑制度设计、制度确保政策施行"的模式，采取区委区政府与市国土规划局联动、本地机构与外地机构联动、各区规划局整体统筹的"2+2+1"体制模式，在重点功能区成立"联合工作站"，进而采取"连审统筹、绩效考评"的创新制度，确保有效实施因地制宜的土地和招商政策（武汉市重点功能区实施性规划工作指引，2013）。

（4）信息详实方便监管，由于实施性规划建立在对微观地块信息全面掌握的基础上，因此能掌握到集成的规划、土地方面详实的信息，为武汉搭建统一信息平台提供了很好的支撑；武汉市目前已搭建起"武汉市土地资产经营监管系统"，该系统已经被武汉市政府、武汉市国土资源和规划局、各级储备机构及科研机构等三十多家部门和机构所使用，能有效支撑武汉市未来的"规土融合"建立起部门信息全面对接、土地利用动态监管、科学支持决策分析的工作平台。

6.2.2 协调技术体系

"两规"技术体系上的矛盾主要体现在规模确定、空间落实、对象分类三方面，武汉市在不断的创新积累中，已在一定程度上突破了上述技术矛盾。

1. 规模确定

武汉市现行土地利用总体规划（2006—2020年）采纳了常住人口的统计口径，从人口规模预测上首先和城市规划取得对接，土规预测武汉市2010年和2020年常住人口规模分别可能达到971万人和1179万人，而城规（2010—2020年）预测结果相应为994万人和1180万人；对人口规模有了基本共识后，两规又做到城镇用地规模的协调，土规与城规对武汉市2020年的城镇用地需求规模分别预测为910平方千米与908平方千米，人均用地方面一致得到92平方米/人的结论（表6.1）。

武汉市现行两规人口规模与建设用地规模预测结果对比 表6.1

	2010年目标		2020年目标	
	土地利用总体规划（2006—2020）	城市总体规划（2010—2020）	土地利用总体规划（2006—2020）	城市总体规划（2010—2020）
常住人口规模（万人）	971	994	1179	1180
城镇建设用地规模（平方千米）	688	688	910	908
人均城镇建设用地（平方米）	95	92.3	92	91.6

数据来源：《武汉市土地利用总体规划（2006—2020）》、《武汉市城市总体规划（2010—2020）》

2. 空间落实

二者在"空间结构"与"空间管制"两方面均通过一定的技术手段获得统一。空间结构方面，城乡总体规划基于都市发展区的理念，实现对全域的统筹规划，这点创新上首先做到了规划范围与土地规划的衔接。武汉市"1+6"都市发展区由主城区和六个新城区构成，其中主城区基本涵盖了7个中心城区，与土地利用总体规划中的中心城区基本吻合；而六个新城则主要覆盖6个远城区的重点建设区域，与土规的重点镇级产业集中建设区基本相适。此外，"1+6"以外的范围称为生态农业区，以生态保护、新农村建设、农业现代化为基础，发展生态休闲旅游产业，形成城市功能的有益补充，又与土规中的生态用地区及基本农田集中区的内涵取得一致。此外，两规的城镇体系架构基本达成共识，城规中"主城—新城—中心镇——一般镇"的四级结构与土规中"中心城—重点镇域—中心镇域——一般镇域"可以分层形成对应关系（图 6.3）。

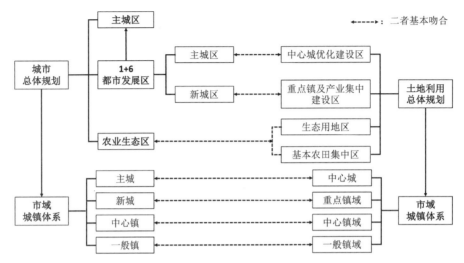

图 6.3　武汉市现行城市总规和土地利用总体规划空间布局上的衔接

　　空间管制方面，武汉市总体的核心思路在于刚性与弹性的兼容，在禁止建设区域强化刚性，在适宜建设的区域体现弹性。2012 年，武汉市对都市发展区组织编制了《武汉都市发展区"两线三区"空间管制与实施规划》，打破行政界线束缚，突出城乡统筹、可持续发展的空间管制模式。其中，城市增长边界（UGB）和生态底线为"两线"，集中建设区、生态发展区、生态底线区为"三区"。要求将城市建设、高效能交通设施、工业布局、公共服务以及市政公用设施向集中建设区内集中实现规模化发展；对生态地先去实行最严格的生态保护控制；同时，充分考虑农村居民点迁布、农业产业发展及各类旅游项目建设的用地需求，可在生态发展区内适度进行生态型建设。通过确定增长边界，一方面有效预防城市空间的无序蔓延，另一方面增强了土规空间管制的弹性，赋予其"锁边"的空间管制职能，而边框内的空间结构则由城市规划具体编制设计。而在非集中建设区内，主要通过指导乡镇级土地利用规划的编制实现"两规"在"建"与"非建区"的空间布局形态。此外，两规分区管制策略的统筹一致，还为两规用地指标与用地需求矛盾的平衡寻得解决路径。在增长边界内根据土规设置的建设用地指标划定规模边界，边界内即为允许建设区，在城规建设用地需求规模不突破增长边界的前提下，将大于指标的部分视为有条件建设区，以增强规划对社会经济发展不确定性的应变能力（马文涵、吕维娟，2012）。可以看出，两规在空间管制层面创新的协调机制极大地提高了规划发展的弹性空间，然而这同时也是对规划管理工作提出的更高要求。随着空间规划逐渐弱化刚性具体的约束内涵，加强弹性系统的管理职能，武汉市空间规划将加速由技术工具向公共政策转化（图6.4）。

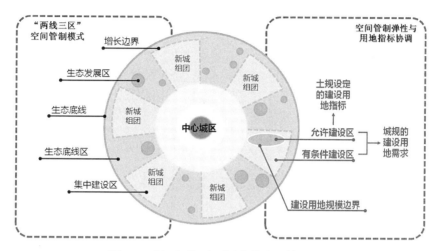

图 6.4　武汉市"两规融合"的空间管制模式

3. 对象分类

在本研究开展的时间点，我国城乡规划和土地利用规划采用的是不同的用地分类标准，但《国土资源部办公厅关于印发市县乡级土地利用总体规划编制指导意见的通知》（2009）中指出，规划基数转换可结合实地调查，对土地变更调查成果或第二次土地调查成果进行校核。武汉市现行土规对规划基数的分类进行了适当调整，增强了与城规的协调度。主要做法在于将独立工矿用地区分为两类，紧邻城镇集聚区的归入城镇建设用地，其余归入独立建设用地；将为风景旅游区配套服务的特殊用地归入风景名胜设施用地，其余归入特殊用地。尤其是采矿用地，在城规的土地分类中属于建设用地大类下的一个独立中类，而在土规中笼统归入城乡建设用地中。除了基础数据的调整，规划中继续延续了这样的思路。现行土规中将全市建设用地划分为主城、外围建制镇、独立工矿、农村居民点、交通用地、水利设施用地六大二级分类。其中，主城、外围建制镇、独立工矿对应城规中的城镇建设用地（秦涛、隗炜、李延新，2009）；交通、水利用地规模与相应的部门对接；土地利用总体规划确定的农村居民点用地规模需要符合城乡规划确定的人均用地指标（唐兰，2012）（图6.5）。

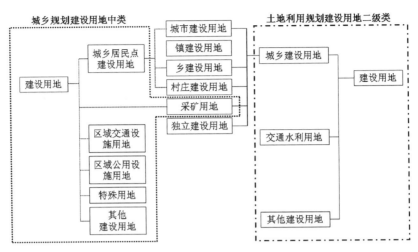

图 6.5　城乡规划与土地利用规划对建设用地的次级分类体系差异

6.2.3　覆盖城乡体系

武汉市中心城区由于基本已经为建设用地，土规和城规在耕地保护方面的矛盾已经不是"规土融合"中的核心问题。然而，乡镇一级既要对市级总体规划的建设用地进行更深入具体的安排，也要直接面对建设用地约束与耕地保护目标的约束，因此规土融合的矛盾与难点更突出，但其又是实现"规土融合"管理的前提，是武汉市全面实现"规土融合"的重要环节。2010 年 5 月，武汉市在国内率先开展了"镇域总体规划"与"乡镇土地利用总体规划"合一编制的工作，编制成果统称为乡镇总体规划。至 2012 年，乡镇总体规划的编制工作已经覆盖都市发展区内的 34 个乡镇与都市发展区外的 46 个乡镇，实现了法定规划的全域覆盖。

由于《镇规划标准》GB 50188—2007 和《乡（镇）土地利用总体规划编制规程》TD/T 1025—2010 中分别对镇总体规划和乡镇土地利用总体规划的核心内容具有不同的要求，但武汉市通过试点经验发现二者在现状调查、发展战略与规划目标、建设用地安排、镇域空间管制和规划实施措施上存在较多共通内容，可以较好地共享对接。除此之外，二者还有各自的研究重点，包括城乡规划关注的乡镇功能定位、镇域体系规划和建设用地规划以及乡镇土地利用规划关注的农用地布局和土地整治安排等。试点的经验不仅提供了上述认识，还支持武汉编制了《武汉市乡镇总体规划编制技术要点》，指导乡镇层面"两规融合"编制工作的推进，同时要求"可分可合"，充分考虑了现实行政管理体制的限制，避免沦为理想的产物（图 6.6）。

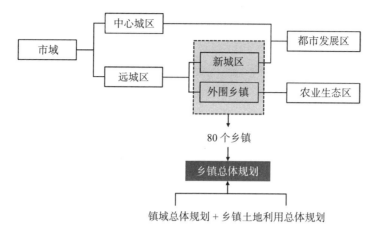

图 6.6　城乡规划与土地利用规划对建设用地的次级分类体系差异

6.2.4　整合管理体系

武汉市"规土融合"的管理体制具有先天优势，其城市规划管理局和土地管理局自 1988 年便开始合署办公。虽然 2007 年时曾经分离，但 2009 年又再次合并，这次合并将原先"一块牌子、两套班子"的物理合并模式改变为"一块牌子、一套班子"，在真正意义上实现了土地、规划管理部门的彻底融合。一方面，可以实现人才的交叉培养，实现城规与土规工作理念在实际操作中的直接融合，并形成一定的相关人才储备，保障"规土融合"工作的持续推进。另一方面，通过外部程序内部化的方式，将项目审批流程交叉推进，提升了工作效率，也避免部门间因沟通不畅导致信息不对称引发的矛盾。此外，武汉市 2010 年 9 月建立并正式使用的"一张图"管理体系不仅明晰了各部门的职责，还搭建起了信息共享、管理统一、内容传承的平台，极大地推进了"规土融合"工作的有效开展。在"一张图"管理体系中，从时间维度系统梳理了历年来的各项规划，将为以后的规划编制工作提供重要的参考依据，保证规划编制的传承性，也改善了以往城乡规划数据缺乏连续性的缺点。空间维度上，以控规和乡（镇）土地利用总体规划为基础，集成了各项法定规划的信息，清晰叠加了各项规划对每个地块的发展建设要求。简言之，"一张图"系统为规划编制者和规划管理者搭建了一个共享的信息平台，规划编制者负责将要求信息输入，管理者负责按要求管理并及时更新实际变更情况，进而成为编制者新一轮工作的重要依据。由此，规划编制成果不再与管理信息脱节，提高了规划编制工作的效率和工作质量。

在城乡统筹管理方面，武汉市 1997 年便借鉴了上海"两级政府、三级管理"

实践篇 2

的经验。由市国土资源和规划局在七个中心城区和东湖生态旅游风景区分别设立分局，作为其行政管理机构。同时，在两个国家级开发区也设立分局，但交由开发区托管，市国土资源和规划局对其进行业务指导。此外，六个远城区各自有区规划局，隶属于各区政府，市局主要提供业务指导。在具体的规划编制业务中，远城区在都市发展区外和都市发展区内承担了不同的业务内容，都市发展区内除控制性详细规划由区政府组织编制和报批外，其他层级规划均有市局统一编制、管理。此外，还编制了《武汉市规划测绘管理工作手册（开发区、远城区版）》来保障全市办事程序和审批标准的统一。同时实施全市"一书三证"统一管理，要求各分局、区规划局按规定统一发放相关证书并及时录入、报备，不仅提升管理效率，还有利于实施监督检查（马文涵，余凤生，朱志兵等，2010）。由此，武汉市基本实现了在市级层面统筹管理全市的规划编制、管理工作（图6.7）。

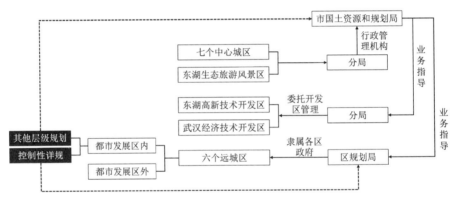

图6.7 武汉市规划管理体制架构

6.3 实践创新的核心理念

6.3.1 转变政府角色

政府作为规划的编制、实施、管理者，其角色的转变预示着空间规划本质属性的变化。上述分析中可以发现，武汉市的空间规划正朝着提升弹性、增强可操作性发展，公共政策属性愈发显化，而这种转变与政府建立起服务者角色有着密不可分的关系。首先，规划体系关于实施性规划的创新，建立起规划部门与土地利用投资者的直接关系，相关部门参与从市场调查到可行性分析，到利用方案设计的全过程，政府提供的是服务而非下达指令，这要求政府部门与投资开发者之间达成一致的价值理念；因此，虽然规划主体与开发主体存在分化，但却具有价值共识，并且这种价值共识是基于投资开发者追求的经济效益与政府所代表的公众利益相互平衡而达成的，规土在规划目的上的相抵便得到了较好的化解。

　　武汉市国土资源和规划局L领导层提到："推行'两规合一'的真正目的是为了向市民提供更好的生活，需要思考的是如何通过发挥两规的综合效益为城市、居民、宜居服务，而不是缓和两个部门的矛盾……"

　　其次，在空间管制模式的创新中，极大地增强了规划弹性。一方面，给了市场机制更大的机会参与到城市空间结构的塑造中；另一方面，也提升了规划方案对日新月异的社会经济环境的应变力，可实施性的增强有利于规划核心理念在具体建设行为中的贯彻，避免了规划方案沦为一纸空文。然而，这同样意味着增大了市场失灵并失控的风险，对政府的执政管理能力也带来了较大的挑战。对此，武汉市政府提出了"加快立法、分工管理、严肃监督"的基本策略，从提升自身管理能力的角度出发，体现的是治理的理念而非控制。不仅是空间管制部分，武汉市在规划建设的各领域均十分重视政策规范的制定，颁布了关于地下空间利用、个人建设住宅、历史文化保护等多种政策性法规，一定程度上体现了技术崇拜向制度创新的发展趋势，也是规划部门职能由空间管控转向空间治理的标志。

　　武汉市国土资源和规划局A管理层提到："制度建设方面，只要具体部门有需求，都会积极配合；近年来针对'规土融合'主要是颁布一些地方性法规和规章，由具体科室起草，法规处负责颁布；这方面目前已经有武汉市城乡规划条例、地下空间规范性文件，目前重点也在推动生态控制线条例的制定……"

6.3.2　协调成本内部化

　　行政协调是指在相互沟通管理信息的前提下，行政机关内部机构与机构之间、人员与人员之间出现了一定的矛盾和冲突，为了能有效地合作与协同完成整体计划目标所进行的一些活动（朱勤军，2002），可能涉及人力成本、物力成本、财力成本、信息成本、机会成本、规制成本、环境成本（靳永翥、李明，2007）。而协调成本的高低，将是影响分工水平、经济增长以及人力资本积累的重要因素（Becker Gary、Murphy Kevin，1992）。在"规—土"分家的历史条件下，两个规划体系已经形成了相对独立的编制理念、技术体系、管理程式。一旦推动融合，即需要面对上述一系列协调成本，当需要付出较高协调成本时，协调便会受到阻碍甚至终止。即使是在武汉两个部门合署办公的有利条件下，也避免不了因存在规制成本较高而导致达不到预期效果的案例。

> 武汉市国土资源和规划局 W 管理层提到："之前有一次相当好的机会能在乡镇总规中推动'规土'的更全面的融合，各项工作也有了一定开展的基础；然而，由于乡镇土规需要报由省里审批，而乡镇总规只需由区级审批，土地部门认为本子中城规的内容过多，可能影响报批，最终这次融合没有达到预期的效果……"

这说明，要真正进行"规土融合"的体制创新，仅在地方层面做到部门联合是远远不够的，但同时这也是不可忽略的重要一步。武汉市通过土地和规划部门的融合，已经在很大程度上节约了"规土融合"的成本。首先，在人力成本方面，武汉市国土资源和规划局已经真正做到一套班子在运行，人力资源首先具有融合背景，加上人力配置又属于内部调整，能基本上不耗费额外成本便实现对不同背景人才的复合，以开拓两规编制的视角，同时再渗透彼此的思维理念。其次，在行政审批管理上，城建口与土地口分行的外部程序在武汉部门合并的条件下实现了内部化，可以良好地推动并行审批，做到了提前服务、统筹管理时间而不需要花费多余的成本，也避免了发生信息不对称的问题。一旦协调成本降低了，能在很大程度上减小"规土融合"的阻力，同时在二者的密切交流中也能擦出更多的火花，创造出更综合的效益，实现"两规协调"向"规土融合"的外延。

> 武汉市土地利用和城市空间规划研究中心 C 管理层提到："……第二次合并变成了一个班子、一套班子，要求领导既要能说清楚土地的事儿，也要能说清楚规划，实现完全的交叉……"
>
> 武汉市国土资源和规划局 A 管理层说："原本法规上，是一种规划到土地，再到规划，再到土地的反复程序，我们因为就在一个局里，就将有些相关的程序提前跟上，通过打时间差实现并行审批……"
>
> 武汉市国土资源和规划局 L 领导层提到："管理体制改革很重要，管理

中能合的尽量合，这样不仅效率更高，彼此也能发挥更大的作用，武汉不仅局里合并，一直到下属的处都是合并的，业务管理角度也合并了……"

武汉市土地利用和城市空间规划研究中心 Z 规划师提到："对武汉市'规土融合'的理解，不能局限于狭义上的城市总体规划和土地利用总体规划，事实上涉及土地利用的各个方面……"

6.3.3 引导交往理性

我国"两规"在特定的历史时期经历了不尽相同的发展历程，国家设立两规有所差异的初衷从一开始便决定了"两规分离"的轨道。在长期工具理性的指引下，二者彼此遵循着核心理念分行于此后的发展道路中，也纷纷为应对社会经济发展需求转变做出了适时的调整与创新。但这种革新以"工具理性"为出发点，本质上服务于"主体偏好"，属于系统内部的自我更新。因此，在这段各自为政的历史时期里"两规"积淀了一定的自我风格与优势，但始终难以走到一起，缺乏综合性的思维而始终存在某些局限性。然而，如前文所述，"规土融合"并非数量上的减法，而是内涵上的加法。如果仍只是止于一些结论上的统一与协商，二者便容易继续发挥工具理性，在各自的价值体系的引导下继续分行，这与"规土融合"的目标内涵有着本质差异。

武汉市的"规土融合"实践在这方面是有所创新的，其作为一个地方主体，在顶层设计不做改变的前提下，不可能重构规划体系的工具理性。然而通过一些行政手段增进二者交流，却可以引导形成一定的交往理性，促进二者价值观念在工作过程中相互渗透。首先，前文提及的部门合并、搭建信息共享平台已经为武汉市形成交往理性提供了良好的外部基础。其次，对二者交流语言的创造，又为其形成整体认知构建了内部机制，使这种交流不仅是一个相互配合的过程，更是一个学习互补的机会。访谈中，武汉市相关规划工作者也纷纷表示，"规土融合"不只是一个技术创新过程，更应该是一种新的规划语言的建立。通过这一语言，既能翻译，也能创作，即不仅现有两个规划之间能做到相互衔接、统一，并且能实现新规划目标引导下的附加价值。

武汉市土地利用和城市空间规划研究中心 C 管理层提到："'规土融合'不能只是相互参考成果是否矛盾，这只是一种物理结合；其实它是一种新的语言，问题就是如何让社会接受这种语言，在什么平台上来进行交流；现在工作会遇到一个问题，就是服务对象不理解'规土融合'，导致研究成果不能落实并发挥价值，停留在了技术创新；未来，希望能通过搭建一个更好的平台，让'规土融合'的语言被广泛接受……"

武汉市国土资源和规划局 H 管理层提到："土地是具有唯一性的，主要是规、土原先是两套语言，未来应当如何更好地来应对……"

从具体做法来看，目前武汉市创新的语言一方面表现为实施性规划。考虑城规对规划建设的功能分区指引，同时也融入土规将土地作为资源保证其属性完整的做法，以政策的形式赋予每项规划内容相应的规定和限制（黄焕，付雄武，2015），较好地落实了宏观层面对微观主体的行为指引，使两个规划都能落到实处。反之，在精细化管理的模式下，还能迅速掌握第一手土地利用的发展信息，为规划的进一步完善提供详实的依据，例如了解指导城市规划功能布局的城市土地价格规律，掌握指导土地利用规划的资源发展动态等。另一方面，地类的匹配、空间管制内涵的协调等一些技术手段的创新，出发点不再是各自的自我发展，而是立足两者能形成更有效的交流，基于这些技术共识再来进行方案的沟通协调才有可能引导并走上理性交流的道路。

虽然，理性交流也不一定能确保产生完美的方案，但随着规划参与主体日益多元、公共政策属性逐渐显化，多重利益权衡下的共识某种意义上来讲便是最优的（奥尔森，2007），也是最具可操作性的。并且在事件的广泛讨论中，会逐步塑造和改进社会的整体认知（彭坤焘、赵民，2012），这种整体性建立在各参与主体价值取向的融合，因而能促使形成更稳定、成熟的关系。在较长一段时间内规土合署办公的背景下，武汉市规划工作者的这种整体认知已经有一定的体现，不同专业思维都在思考从对方的优点中汲取自己创新发展的启发。

武汉市规划研究院 P 管理层提到："土地的价值、土地的权属这两点原本在控规编制中几乎是不管的，控规比较关心技术合理性，同属一个单位的用地很可能会被控规分割……武汉市管理层面规土是有相互渗透的，有考虑对方的利益诉求，相互间的了解十分重要……"

武汉市土地利用和城市空间规划研究中心 H 规划师提到："思想上也有一些融合，城乡规划的体系发展较完善，而土地利用规划的体系性较弱，导致它在实施层面是存在一些问题的，未来希望能借助城乡规划的体系来完善土地利用规划的体系建设……"

武汉市国土资源和规划局 L 领导层提到："国土部门成立迟一些，土地利用规划理论基础相对薄弱，但管理能力很强，对要求抓得严，使土规的社会影响力要比城规强……"

6.3.4 加快接轨市场

在"规—土"的矛盾中存在市场介入程度不同的问题，普遍认为城规与市场的联系更紧密，而土规则是一种与自由市场相逆的管控思路。然而，土规的约束力并非直接面向市场，而是避免对市场介入城规过深，城规作为一项政府行为体现的也是对市场化开发行为的引导与监管。在市场经济条件下，两规其实具有更明显的问题导向（王向东、刘卫东，2011），都是一种转化土地利用外部性为内在性的公共政策行为（朱介鸣、赵民，2004）。然而，土规的问题导向显得有些被动，往往表现为对上一轮城规偏离后果的调整，而在日新月异的现代社会中新一轮城规已经立足不同的发展环境、面对全新的机遇挑战，这样一来便导致了土规对城规约束力作用的发挥是滞后的。而城规的问题导向，由于直接面对市场，形成了一种积极主动的反馈机制，但这种反馈机制的问题在于不够客观公允，容易融入决策者的主观思维。因此，二者矛盾的本质并非市场介入程度不同，而是反馈响应行为错位的问题。土规不应当在城规的市场行为后形成约束，而应当率先对土地利用的市场秩序与市场规律形成一定认识与判断，再通过建立起一个反馈通道对城规发挥约束、实施指导（张志坚、金良富，2002），即新一轮城规掌握的市场信息应当是与土规紧密结合的，而土规对市场的认识还能形成对上一轮城规的评价。当然，这种改革方向对土规的发展提出了更高的要求，需要对内涵的外延以及对整体体系的重构。

武汉市土地利用和城市空间规划研究中心的成立其实体现的就是这样一种思路，希望通过对土地利用的经济分析为城市空间利用的优化提供一定的依托与启发。工作中体现的核心思路是：在规划编制前，考虑土地的成本、潜力、缺陷；而在土地的认识与评价中，考虑规划的目标设定、战略部署等。建立起二者融合的一个市场环节，再以相应的成果分别指导两规的进一步推进，从而实现对土地节约集约利用的有效引导。

武汉市土地利用和城市空间规划研究中心 H 规划师提到："我们现在做的主要是土地评价和规划的融合，一方面评价中的理想值设置会充分考虑规划战略目标的潜在影响，另一方面在规划中加入对土地成本的考量……"

武汉市土地利用和城市空间规划研究中心 Z 规划师提到："我们从规划到实践，均结合了一定土地资产经营的理念，相关工作的结果对土地储备也具有一定的指导意义……"

此外，在实施性规划的推进中，加入对经济可行的考量，体现了一种"将空间化的控制内容转化为项目化的实施平台"的思路。这体现的主要是规划在实施环节管理职能的强化，因为即使在编制环节对土地利用进行了关于经济理性的论证，但总规层面终究属于战略性的宏观指导，在落到实际开发环节中容易因可操作性不足而造成规划失语。此前城乡规划体系中的控制性详细规划就是为了保障规划在实施环节的落实，然而其主要还是停留在技术层面的规范控制，也由于技术理性在实践环节衍生了部分新的障碍。通过一种项目化的管理模式，实施性规划能对每宗土地的利用模式进行经济论证，确保建设资金到位、业态选择合宜、开发潜力优良，由此便能对规划的落实起到很好的监管作用，也从每个环节确保土地开发利用行为的技术合理与价值合理，避免土地闲置与粗放利用（图 6.8）。

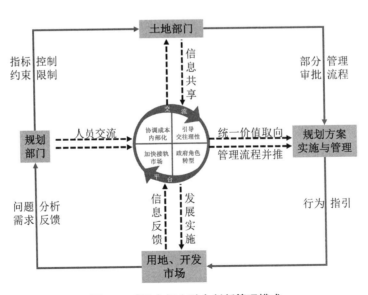

图 6.8　武汉市规土融合创新管理模式

武汉市规划研究院 P 管理层提到："在规划中考虑土地价值，我们有大量的问题，包括在规划编制阶段，规划编制如果不合理，后面的规划审批就会很麻烦，而土地价值可以为一个合理的规划方案提供很好的依据；同时，在实施阶段，需要考虑项目的区位要求与土地价值的匹配，否则会影响整个规划决策的科学合理性；但是，如果没有进入土地市场，规划编制后的开发也可能存在实施困难，可能存在缺乏资金的问题，导致投资建设停滞……"

武汉市规划研究院 P 管理层提到："实施性规划未来会是两规融合的重点领域，同时考虑地价、管理等问题，也要考虑怎么拆怎么还；目前武汉的实施性规划考虑更多的是土地管理中操作性的工作，实施精细化管理，包括开发时序的先后安排，甚至连开发的账都做好……"

6.4 实践创新的主要困境

6.4.1 法理依据缺乏

如上述分析中提及，长期以来我国中央决策层面城乡规划与土地利用规划分属住建部与国土部两个平行机构。两规编制实施的法理依据分别为《城乡规划法》与《土地管理法》，且土地管理法并非一门专门针对规划的法规。对于二者的关系两个法规中只有简单规定，《土地管理法》中第二十二条规定："城市总体规划、村庄和集镇规划，应当与土地利用总体规划相衔接，城市总体规划、村庄和集镇规划中建设用地规模不得超过土地利用总体规划确定的城市和村庄、集镇建设用地规模。"《城乡规划法》中第五条规定："城市总体规划、镇总体规划以及乡规划和村庄规划的编制，应当依据国民经济和社会发展规划，并与土地利用总体规划相衔接。"第三十四条规定："城市、县、镇人民政府应当根据城市总体规划、镇总体规划、土地利用总体规划和年度计划以及国民经济和社会发展规划，制定近期建设规划，报总体规划审批机关备案。"

在国家法制建设层面对两规的要求只是做到衔接，而且更侧重结论的统一。这决定了地方实践中，在法定规划层面规土融合依然还得分为城规与土规两条线来推进，只是注重衔接与协调，而通过鼓励一些非法定规划的编制来实现更多内涵的融合。这样一来，真正在推行规土融合思想的新型规划方式，由于缺乏法理依据而会导致权威性与约束力不足的问题，也容易因缺乏规范而使地方存在较大的可操作空间而衍生新的问题。在我国规划领域不断创新的同时，法规建设层面却始终只有《城乡规划法》系列相对领先，这与我国对整个规划体系的结构性认识缺乏有着密不可分的关系。因此，也必须意识到未厘清各规划相互关系及其管理体制之前，片面强调建立统一的空间规划法制体系可能适得其反（王向东、刘卫东，2012）。而随着国家层面上规土融合，乃至多规合一的推进，首先便会引起对整体规划体系的重新认识与关系梳理，从而为我国构建空间规划法制化建设迈出基础性的一步。

> 武汉市国土资源和规划局 A 管理层提到："一般只谈衔接，并在管理上推动'规土融合'，但是法规上没有明确涉及，因为毕竟中央仍然分属两个部委……"
>
> 武汉市土地利用和城市空间规划研究中心 H 规划师提到："法定规划在管理层面的融合比较困难，但在非法定规划的实践中早就融合了……"
>
> 武汉市规划研究院 Y 规划师提到："'规土融合'需要做到技术、管理、法规三方面的共同推进，技术是支撑、管理是核心、法规是保障，而实际推行中难度最大的在于管理和法规建设，但也需意识到，通过实践创新是可以推动法规改革的……"

6.4.2 成果利用不足

两个规划体系在发展中已经形成了各自较完整的技术程式，武汉市在"规土融合"方面的创新，尤其是引入土地资产经营理念的部分，较难进入原有的规划系统，只能在一些微观项目中输出。而这与上文提到的法律规范层面的创新的发展滞后存在很大的关系，目前这方面的创新主要还处在技术探索阶段，并将这样的理念逐渐融入规划编制过程中，距离真正融入规划环节还有一段距离。然而，如果土地资产经营做法只停留在对微观项目的指导上，将难以实现土地市场与政府空间规划的良性互动，导致空间规划在公共政策转型中缺乏重要的管理依据，也难以形成对规划弹性的合理控制。

> 武汉市土地利用和城市空间规划研究中心 Z 规划师提到："目前中心所涉及的项目较微观，主要是从土地价值挖潜方面来优化空间利用，即从土地

经营效益方面为规划编制提供一个支撑……"

　　武汉市土地利用和城市空间规划研究中心 H 规划师提到："目前只做了评价，没有形成切实可实施的成果，因为缺乏一种固定模式，不清楚推进这个工作的具体内涵是什么……"

6.4.3 城乡统筹尚弱

　　武汉正处于城镇化快速发展时期，城镇空间扩展迅速，外围新城地区成为城乡建设的重点和热点地区，也是建设矛盾和冲突最为明显的区域（马方、杨昔日，2014）。虽然武汉市已经基本完成了乡镇总体规划的编制工作，但由于县改区过程中远城区仍保留着县级政府的管理模式与权限，导致缺乏强有力的约束，远城区与中心城区在规划建设方面的衔接仍有不足。此外，就乡镇内部而言，农村地区的规划管理由乡镇政府或乡镇级国土资源所负责，但镇规划区内由区规划局履行职责，使得合一编制的乡镇总体规划得到良好落实存在风险，加上远城区整体的规划监察和执法工作机制仍不完善，导致不按照规划的建设用地布置建设项目的问题仍然存在（马文涵、余凤生、朱志兵等，2010）。此外，技术层面上也还存在难点，规划工作者也在实践中表示，在乡镇层面合一编制的乡镇总体规划，目前在镇区内已经做到了较好的融合，但镇区外涉及农用地部分问题的复杂性便超出了控制。主要还是二者在管理工作模式上还存在许多差异，城规更重视空间落地，但土规还是一种规模控制思路，从空间管制上看土规反而弹性更大，一旦涉及用地属性转变时土规只需要做好规模平衡，但却给城规的空间布局带来很大影响。因此，在现状以开发建设活动为主的区域融合难度不大，但在开发建设潜力区域，未来面临着活跃的用地变更活动就容易出现问题，这也是城乡统筹的难点所在。

　　武汉市国土资源和规划局 X 管理层提到："规土合一最大的复杂性在于中心城区外围，在镇域层面本来想做到合一，但是在镇区里好做，镇区外由于两规模式还是很不相同就比较困难，主要是农用地和新增建设用地方面；农用地方面，镇区外如果城规划定了绿化、生态林，但土规里通过低丘缓坡改造将其转化为基本农田，于是这部分山地即属于城规里的保护范围无法填充内容，但土规里又安排了改造工作，二者面临冲突；新增建设用地方面，目前增减挂钩模式确保了数量的平衡，但空间上没有要求，是可以有很大移动性的，这就会导致城规难以划定建设用地规模和边界……"

6.4.4 监管机制分散

一方面，两个规划在监管模式上存在较大的差异，土规管控严格，而城规缺乏有效的监管机制。加上地方层面上监管部门彼此独立，二者监管机制分散可能会造成对"规土融合"结果调控的缺位，存在发生不理性行为的风险。并且，对于"规土融合"后到底如何界定执行结果也仍存在讨论空间。访谈中，有受访者形象地比喻说："国土资源部属于布置了作业又会好好检查有没有完成，但住房和城乡建设部布置作业之后，检查时关注的却是字写得好不好之类的问题。"另一方面，在行政分权方面，市里面统筹了主城区和主要开发区的规划建设用地问题，但远城区的相关事务是由区政府负责，这样一来便容易存在上下各自为政、全市统筹不足的问题，容易影响规划的实施效果，在城乡割裂地区尤为突出（马文涵、余凤生、朱志兵等，2010）。

武汉市国土资源和规划局 A 管理层提到："下面还有一个监管融合的问题，武汉市有一个特殊的问题，我们的规划和土地机构在一起，但执法是分开的，规划的执法是在城管局，但土规的执法是在土地局，中央推动集中行政处罚权后基本是在城管局了，这也就涉及了土规这边监管要做好衔接……"

6.5 本章小结

武汉的实践经验对于如何更好地推动"两规融合"，最终走向真正的"规土融合"，提供了诸多改革思路。然而，从武汉面临的发展困境也可以看出，其缺乏一套强有力的支撑体系。换言之，既需要地方实践层面积极创新技术，并形成高效的治理系统，也离不开宏观制度环境的配套改革作为保障。因此，"规土"融合要实现循序渐进的长足发展，顶层设计的革新是根本、地方实践的创新是活力，只有二者相辅相成、同步推进才能促进二者的良性互动，并加速空间规划的公共政策转型。

地方层面上，虽然每个地方面临的发展环境各具特点。但总体而言，都将面临四点类似的挑战，将是改革的先驱领域：①近郊区的乡镇将是未来城镇化发展的潜力后备区，随着开发时序的演进，将迎来大规模的土地利用开发活动。因而可能集聚最多的规土矛盾，但同时在创新方面也有比中心城区更大的发挥空间，需要未雨绸缪地推进乡镇层面的"规土融合"发展。②两规技术体系的整合是当务之急，需要形成二者的"沟通语言"，用以解释、解决突出的现状问题。虽然国家相关技术标准的改进才是最终的依据，但厘清地方的矛盾症结所在并加以调整处理，才有可能适应理顺后的技术体系，也才能确保其他改革得以有序推进。③地方层面规、土两个部门的融合办公是可行且必要的。未必要求合并为一个部门，而是需要形成双方高效、低成本的沟通机制，例如人才的交叉办公或联合培养、定期的部门交流会、审批进度的互相公开等。这便要求建立起一定的信息共享平台，通过该平台集结所有规划相关部门的有关信息、资料与数据，用以支持决策、实现监督管理。④建立地方政府与市场的良性互动是大势所趋，但任重道远。要求形成较完善的监督管理机制规范相关行为，同时也需要合理的财税制度加以支撑。

宏观体制层面上，主要可以从调整规划体系分类结构、优化空间规划运作机制、构建独立法规体系三方面着手。①规划体系应进一步明晰"城规"与"土规"的核心职能，城规侧重对开发建设过程的引导与监管，允许建设区内尽量赋予其充分的决策权；土规则主要关注土地资源配置的合理性，从整体上确保各类土地资源的最优配置与高效利用。此外，可形成高于现有规划的"一级政府、一本规划、一张蓝图"的"区域发展总体规划"（顾朝林、彭翀，2015），作为下位规划共同贯彻的战略指导。同时，结合详规，加入土地经营管理机制，发展落实规划方案的"实施性规划"，建立起空间规划与土地利用的互动平台。②运作机制上，可通过部门联席的形式组建国家、省、市三级的"规划委员会"，并由其统一行使审批、监督的权利。同时，发展公众参与体制，增强市民公众在规划审批中的话语权，并赋予其直接向省级规划委员会检举揭发的权利。③循序渐进地建立起规划专项立法工作。首先是引导改革过程有序推进的相关实施条例；其次，是形成一部综合的《空间规划法》，明确各规划的关系，规范相关部门的权责关系，统一部分技术口径等；最后，根据规划类别横向划分专题法规对具体规划类别形成详细的行为指引（陈慧瑛，2007）。

实践篇 2

第七章　创新实践 I：空间规划改革

——乡镇级"规土融合"的实现路径与技术创新

在 2018 年的机构调整以前，我国城乡规划与土地利用总体规划的编制管理分属于城乡建设部门和国土资源部门，导致两者在管理体制、技术方法等方面出现许多矛盾，使得城市建设项目审批管理低效。实现"规土融合"是提高城市空间管理效率、实现城市可持续发展的切实需要，《城乡规划法》和《土地管理法》也均对两规协调提出了明确要求。在此背景下，上海、广州、深圳、武汉、厦门等城市相继做出了"规土融合"的实践探索。

随着城乡统筹已上升为国家重大发展战略。十六届三中全会提出"五个统筹"，其中"统筹城乡发展"排在首位，十七届三中全会进一步明确提出"要把加快形成城乡经济社会发展一体化新格局作为推进农村改革发展的根本要求"。2015 年中央政治局第 22 次集体学习，曾明确提出"推进城乡一体化是国家现代化的重要标志"，在党的十九大报告"实现第 2 个百年奋斗目标的战略安排"中，城乡一体化是新型城乡关系的最终目标。在此背景下，规划也必须进一步实施改革，打破传统城乡分治、重城轻乡的格局，村镇规划在此过程中发挥着日益重要的作用。

乡镇作为联系城乡的过渡地带，成为城市扩张对土地需求的主要来源，存在大量非建设用地转为建设用地的情况。乡镇土地一方面要满足落实耕地保护政策的要求，另一方面又要为城市发展提供开发用地，导致用地矛盾极为突出。城乡规划的"重发展"理念与土地利用规划的"重保护"理念之间的不协调是用地矛盾突出的最直接原因。因此，实现乡镇级的"规土融合"对于调控城市边缘区用地矛盾、实现城乡统筹发展等具有重要意义。

自 2008 年起开始实施的《城乡规划法》将原来的城市规划、村镇规划细化为了"城镇体系规划、城市规划、镇规划、乡规划和村庄规划",村镇规划便包括了镇规划、乡规划和村庄规划。而我国的土地利用规划体系按照现行行政区划体制划分为五级:全国—省(自治区、直辖市)—地区(地级市)—县(县级市)—乡(镇)。其中,位于第五级的乡(镇)土地利用总体规划是最基层的规划,乡(镇)以下的村不再编制土地规划。由乡(镇)两规在规划体系中所属的级别可知,实现乡镇级的"规土融合",需要将乡(镇)土地利用总体规划与村镇规划相协调。

7.1 乡镇级土地利用总体规划与村镇规划

7.1.1 乡镇级土地利用总体规划

我国的土地利用总体规划可按照现行行政区划体制划分为五级:全国—省(自治区、直辖市)—地区(地级市)—县(县级市)—乡(镇)。各级土地利用规划的目标和功能不同,但是彼此间又相辅相成、互相衔接。其中,位于第五级的乡镇级土地利用规划是基层规划,是土地用途管制的基本依据。其上位规划县级土地利用规划的最终目标是土地利用分区,而乡镇级规划则是在县级规划土地利用分区的基础上,进一步落实区划的界线,并确定区内每一块土地的用途(王万茂,2013)。

《乡镇土地利用总体规划编制规程》中规定,乡镇级土地利用总体规划的基本任务是:根据上级土地利用总体规划的要求和本乡(镇)自然社会经济条件,综合研究和确定土地利用的目标、发展方向,统筹安排田、水、路、林、村各类用地,协调各类用地矛盾,重点安排好耕地和基本农田、村镇建设用地、生态建设和环境保护用地、基础设施及其他基础产业用地,划定土地用途区,合理安排土地整治项目(区),制定实施规划的措施。

乡镇级土地利用总体规划的主要内容包括制定土地利用结构调整方案、制定土地利用布局调整方案、划定土地用途分区等。具体而言,一般应包括:①基本农田调整与布局。在基本农田调整的基础上,划定基本农田保护区,将县级规划确定的基本农田保护面积指标落实到地块;②建设用地安排。落实城镇建设用地、农村居民点和其他独立建设用地的规模和布局范围,并合理安排农村基础设施用地。③生态用地保护。稳定增加生态用地的规模,提高生态用地比例,统筹生态用地布局,并落实各类生态用地界线。④土地利用区划定。依据上级规划的要求以及本乡（镇）土地资源特点和社会经济发展需要划定土地利用区，并落实县级规划中土地用途区的范围与界线，确定基本农田、生态廊道与重点建设用地，制定土地用途区管制细则，控制和引导土地用途转变。⑤土地整治安排。据城乡统筹发展和新农村建设的要求，与经济社会发展、城乡建设、产业发展、农村文化教育、卫生防疫、农田水利建设、生态建设等规划有机结合，综合考虑土地整治潜力、经济社会发展状况、农民意愿及资金保障水平等因素，制定土地整治方案，确定农村土地整治的类型、规模和范围，安排土地整治项目。⑥村土地利用控制。主要包括各村耕地和基本农田保护指标落实以及各村建设用地控制规模的确定。⑦近期用地安排。重点确定近期耕地保护、建设用地控制、土地整治等任务和措施。⑧规划措施制定。重点针对耕地和基本农田保护、村镇及基础设施建设、农村工地整治等提出具体要求。

7.1.2 村镇规划

1. 村镇的概念

我国的居民点可分为城镇型居民点和乡村型居民点两大类。其中，城镇型居民点又可分为城市（特大城市、大城市、中等城市、小城市）和城镇（县城镇、建制镇）；乡村型居民点又可分为乡村集镇（中心集镇、一般集镇）和村（中心村、基层村）。由于县城镇已具有小城市的大多数基本特征（崔英伟，2008），所以本章所阐述的村镇是指村庄、集镇以及县城镇以外的建制镇。

2. 村镇规划

自2008年起开始实施的《城乡规划法》将原来的城市规划、村镇规划细化为"城镇体系规划、城市规划、镇规划、乡规划和村庄规划"，因此，从规划体系上看，村镇规划属于城乡规划体系中的镇规划、乡规划和村庄规划。村镇规划是村镇政府为实现村镇的社会经济发展目标，确定村镇性质、规模和发展方向，协调村镇布局和各项建设而制定的综合部署和具体安排，是村镇建设和管理的依据。村镇规划一般分为村镇总体规划和村镇建设规划，本章主要探讨村镇总体规划。村镇总体规划是对乡镇域范围内村镇体系及重要建设项目的整体部署（金兆森，2005）。

村镇规划的基本任务是：从可持续发展的角度出发，研究确定村镇性质、规模与空间结构，明确村镇各级居民点的相互关系，综合部署村镇各项建设项目，合理确定各项基础设施分布空间与规模，安排组织各类建设用地，协调村镇人口、资源与环境的关系，保障村镇科学、有计划地发展。

《村镇规划编制办法》规定村镇总体规划的主要内容为：对乡镇级行政区域的村庄、集镇布点，确定村庄和集镇的位置、性质、规模和发展方向，合理配置村庄和集镇的交通、供水、供电、商业、绿化等生产和生活服务设施。具体而言，一般应包括：①明确村镇发展目标和地位。对现在居民点与生产基地进行布局调整，明确各自在村镇体系中的地位。②确定村镇性质和发展方向。确定各个主要居民点与生产基地的性质和发展方向，明确它们在村镇体系中的职能分工。③确定人口发展规模和建设用地规模。④基础设施布局综合协调。安排交通、供水、排水、供电、电讯等基础设计，确定工程管网走向和技术选型等。⑤公共设施综合布局。安排卫生院、学校、文化站、商店、农业生产服务中心等对全乡（镇）域有重要影响的主要公共建筑。⑥提出实施规划的政策措施。

7.2 乡镇级"规土融合"相关研究进展

7.2.1 理论研究进展

自 1996 年全国第二轮土地利用总体规划编制起，学者们就开始对市级层面的"规土融合"展开了系统的研究，重点集中在两规之间的矛盾以及"规土融合"途径的探讨方面。在制度层面，主要从两规的管理体制、规划体系、法律保障等方面分析两者的矛盾；在技术层面，主要从基础数据、用地分类、空间管制等方面展开研究（吕维娟，1998；丁建中等，1999；萧昌东，2000；顾京涛、尹强，2005；尹向东，2008）。而乡镇级的"规土融合"研究较少，已有研究可分为以下四类：

（1）比较村镇规划和乡镇土地利用总体规划的异同点，总结两者的相似性与差异性，在此基础上分析两者之间的矛盾及矛盾产生的原因，进而提出两规衔接的基本途径及建议。例如，汪燕衍等首先分析了乡镇级"两规"的关联性和矛盾因素，并探讨了两规矛盾所在的根源，最后提出了两规协调的实现途径（汪燕衍等，2011）。梁湖清等分析了乡镇级两规的异同点，并总结村镇建设中的土地利用矛盾及其原因，在此基础上提出了两者合理协调的主要途径（梁湖清，2002）。

（2）结合具体的乡镇，分析案例地区的两规发展现状及存在的矛盾，针对特定地区提出两规衔接的关键技术问题。例如，武睿娟等以无锡市惠山区为例，从镇村布局规划的角度来分析两规衔接（武睿娟、吴珂，2010）。单嫒等以宁夏回族自治区为例，从城市总体规划的横向体系和村镇规划的纵向体系研究村镇规划的"多规合一"（单媛、臧卫强，2015）。张姗姗以江苏省丹阳市延陵镇为例，分析其两规实施现状，并按照规划编制程序，系统分析了"两规"需要整合的内容（张姗姗，2011）。

（3）重点分析规划协调背景下乡镇土地利用分类标准的统一，建立两规统一的土地利用分类标准。例如，张亚丽等树立了土地利用分类历程，对土地利用现状分类（GB/T 21010—2007）和镇规划标准（GB 50188—2007）中的土地分类进行对比分析，最终确定了统一的乡镇土地利用分类（张亚丽等，2011）。

（4）对现有村镇规划和乡镇土地利用总体规划的协调程度进行定量评价，从定量评价结果中找出问题症结，进而提出两者协调的途径。主要有协调发展度模型和问卷调查两种方式。前者例如，张亚丽等采用层次分析法、特尔菲法和关联分析法，在进行"两规"单项实施评价的基础上，构建两规协调评价指标体系和评价模型（张亚丽等，2012）。又如田华文以河南省商城县双椿铺镇为例，通过两规实施和协调度评价模型计算该镇两规的协调水平，得出乡镇土地利用总体规划实施评价指数低影响两规协调水平的结论，在此基础上提出两规协调的建议与对策（田华文，2010）。后者例如，牛志明等以阜康市滋泥泉子镇为例，对所选区域的农民、政府以及土地规划方面的专家学者发放调查问卷，依据问卷分析结果评价出研究区两规的协调程度，最后，对研究区的两规协调提出针对性的对策与建议（牛志明、刘新平，2015）。

7.2.2 实践进展

1. 湖州市

1997—1998 年，湖州市开展了 123 个乡镇两规的同步编制工作，即乡镇域总体规划和乡镇土地利用总体规划同步编制。成立了两个规划协调小组，结合村镇规划编制土地利用总体规划，将土地利用总体规划的核心内容纳入乡镇域总体规划。从区域整体协同发展的目标出发，协调两个规划的关系，要求做到"二图合一"（吴效军，1999）。

"二图合一"的协调重点与具体措施主要为四个方面：①城市用地的协调。加大对村庄及独立工矿点的整治、改造、复垦力度，实现耕地占补平衡，并将耕地占用指标更多地分配给中心城市和重点城镇，鼓励一般城镇、乡集镇和独立工矿点向其集中。②村庄用地的协调。将人均村庄用地控制在 $80 \sim 100 m^2$，并规定村庄改造以旧村更新为主，不再安排耕地占用指标。对于保留型的村庄，安排少量非耕地指标用于改造过程中的用地周转。③村镇公路用地的协调。规定村镇公路的建设尽量利用现有基础改扩建，尽量少占甚至不占耕地。④土地利用用途分区的协调。在保证耕地总量的前提下，使基本农田保护区与城镇建设区保持一定距离。

湖州市两规协调编制的具体过程可分为三个阶段：①规划前期，首先统一资料口径，两规均以 1996 年为基期，并以自然村为单位进行统计；其次统一规划底图，两规均以土地详查界限为准，即行政界限通过与相界双方政府协议确定；接着，统一开展现场调研，由联合规划工作小组集中开座谈会，并统一开展典型村实地踏勘工作。最后，共享基础资料，以利于规划的中间衔接。②规划中期，首先，编制乡镇域总体规划方案，以城镇的布局、村庄的撤并与分布、基础设施的布置为主要内容；接着，由土地利用规划组根据土地详查资料，对乡镇域规划确定的城镇等非农规划用地所占耕地量进行计算，并与土地规划指标相对照；最后，对乡镇域总体规划方案进行修改，土地利用规划也以此为依据，确定各项用地指标。③规划后期，对两个规划进行校核与修正，并将土地利用总体规划的主要内容纳入乡镇域总体规划，实现两规在用地边界、数据口径、规划目标等方面的一致性。

湖州市规划成果中的"两图合一"主要是建设用地指标的衔接和非建设用地布局的衔接（宋丽，2014），实际是在保证非农用地一致的前提下将两规成果进行的简单叠加。

2. 上海市

上海市虽未直接对乡镇级的规划重点进行"两规合一"的编制，但在市级"两规合一"对新市镇规划的编制也产生了重要影响，使其在一定程度上也实现了规土融合（许珂，2011）。

上海在"十一五规划（2006—2010）"中提出了四级城乡规划体系，即中心城—新城—新市镇—中心村。其中，新市镇是指集中建设相对独立、各具特色、人口规模在 5 万人左右的镇。2008 年上海市政府将原城市规划管理局与原房屋土地管理局中的土地管理部门进行整合，形成规划和国土资源管理局，为"两规合一"的实现提供了基础（许珂，2011）。而新市镇作为上海城乡体系中承上启下的重要一环，联系了城镇与农村，是实现城乡统筹发展的主要载体。随着市级的"两规合一"推出，对郊区新市镇总体规划编制也产生了重要影响，主要表现在以下几个方面：①"两规合一"将建设用地指标依照行政级别层层分解，控制新市镇的发展规模，从而强化了土地利用规划的宏观调控作用。②"两规合一"将土地利用规划中的基本农田控制线转化为城市规划中的"城市增长边界"，明确界定发展备用地，使得城市发展空间得到限定，遏制城市外延式扩张的趋势，降低人均建设用地指标。③在土地利用总体规划的指导下编制城镇总体规划，规划中划定"集中建设区"，通过集中建设区控制线确定镇区、社区和产业区的范围。④两规取长补短，将新市镇总体规划对"城—镇区"的研究重点与土地利用总体规划对"乡—农村"的研究重点相结合，将两规取长补短，实现城乡统筹发展。

此外，在"两规合一"的大背景下，规划编制者也意识到新市镇总体规划的编制思路也应随之调整，才能更好地适应新形势下的新要求，主要从以下几方面实现编制思路的转变：①从"重城轻乡"转向"城乡并重"。将新市镇总体规划的规划范围扩大为辖区范围内的全部用地，强化镇域规划的作用，实现与土地利用总体规划空间范围的统一。②从"空间导向"转向"综合因素导向"。在空间布局受到限定的紧约束条件下，确立以综合因素为导向的规划理念，包括人口、土地、产业、环境等。在用地方面从外延式发展转向内涵式发展。在产业发展方面，推进一二三产业融合发展。③从"一步到位"转向"阶段实施"。规划按照近中期、远期和远景三个阶段制定不同的规划重点与目标，并建立同编同调的规划编制机制，实现两规在各阶段的同步与协调。

3. 成都市

自 2003 年起，成都市便开展了一系列城乡统筹改革，2011 年开始在既有城乡统筹规划的基础上，以"两规合一"为主导，开展综合规划编制工作，即以乡镇总体规划与乡镇土地利用总体规划的为核心，搭建"一张图"管理平台，实现两规的统筹管理（蒋蓉等，2013）。

成都市乡镇村综合规划编制的主要工作是以乡镇土地利用总体规划与乡镇建设规划为主导，实现多个规划合并编制，形成综合规划。其特点可总结如下：①关注"两规"核心内容衔接。主要将镇域综合现状、镇域总体规划布局、镇域空间管制和镇域产业布局四部分核心内容作为"两规合一"衔接的关键，形成统一的基础平台。国土、规划部门分别再充实两类规划本身的工作内容，实现规划成果的集成。②实现"两规"技术标准体系统一，包括"四个协调统一"：统一规划范围、规划期限；统一现状人口、城乡建设用地等基础数据的统计口径；统一用地分类标准；协调空间管制分区。③综合体现成都市城乡统筹特色。规划突破了城乡二元体制下，传统乡镇规划重镇区、轻镇域的做法，着眼于全镇域范围，构建全域—镇区—新型社区三级规划层次；且强调因地制宜、突出产业支撑、促进乡镇村发展。此外，还着重引导形成与自然环境和谐相融的镇村风貌，并在配套设施规划方面强调充分加强乡镇地区与城市地区的对接。④加强规划组织保障，实现跨部门合作编制和审查。通过部门联合规划给相应管理主体分配事权，并以联合审查的方式实现两规审批层级的统一。⑤突出公众参与、动态协调。通过召开村民代表大会对规划进行听证，广泛听取村民对规划方案的意见，实现"两规"实施过程中的动态协调，并确保综合规划的可实施性。

成都市综合规划由总体规划、城乡规划以及土地利用规划三部分内容组成。其中总体规划内容部分是综合规划的核心内容，是编制城乡规划与土地利用规划的基础。而城乡规划与土地利用规划是在总体规划指导下展开的分类规划。《成都市乡镇综合规划编制技术导则（试行）》规定总体规划主要包括全（镇）域综合现状分析、用地布局规划、空间管制规划和产业布局规划；而城乡规划是在总体规划的基础上进一步完善，并深化镇（社）区核心区规划，开展近期建设规划。土地利用规划的主要内容为规划指标调控、土地调整与布局、近期用地安排，并重点针对保护耕地和基本农田、村镇和基础设施建设、农村土地整治等提出规划实施措施。

总结而言，国内在乡镇级进行"规土融合"尝试的省市较少，对其实践经验的总结也就较少。为数不多的几个城市所进行的"规土融合"尝试中，湖州市的"二图合一"只是图层的简单叠加，未能实现真正意义上的"规土融合"；上海市的新市镇规划只是在市域"两规合一"的影响下实现了某些方面的合一，而非专门针对乡镇级规划进行全面的"规土融合"；成都市的两规在行政管理上仍分属两个不同部门，在规划实施管理上的融合仍有较大的提升空间。

7.3 技术矛盾及其根源

7.3.1 乡镇级"规土融合"的技术矛盾

乡镇级"规土融合"在技术方面的矛盾突出体现在五个方面：规划期限与规划范围、基础资料与用地分类、规划用地规模与布局、空间管制分区与要求、规划审批层级与标准。

1. 规划期限与规划范围

在规划期限方面。《乡（镇）土地利用总体规划编制规程》（TD/T 1025—2010）中规定乡镇土地利用总体规划的期限一般为 10～15 年，应与县级土地利用总体规划一致，规划期限内，重点做好近期用地安排，近期规划期限一般为 5 年。《城乡规划法》中规定镇总体规划的规划期限一般为 20 年，对乡规划、村庄规划的规划期限未作具体说明。在此法颁布之前，《村镇规划编制办法》（建村〔2000〕36 号）中规定村镇总体规划的期限一般为 20 年。可见，土地利用总体规划的规划期限一般短于村镇规划。建设用地规模通常都由土地利用总体规划所确定，当土规到期之后已进入下一轮规划，而村镇规划由于期限较长，仍处于上一轮规划期限内。一般情况下，村镇规划先于土地利用总体规划评审报批，若土地利用总体规划中建设用地指标与村镇规划中的建设用地指标相符或者大于城规村镇规划中的指标，两者就互不影响，正常报批；如果土规中的建设用地指标小于村镇规划中的建设用地指标，经常会出现土地利用总体规划对已批准的村镇规划进行否定，重新调整村镇规划，这样就影响了村镇发展方向的正确性和合理性。另外，规划期限的不一致也会造成在两部门管理过程中工作的难以协调，在两规实行到中下期的时候，两部门组织修编的节奏对不上，很难达成共识。很多时候都是"各起炉灶"，这样更容易造成规划断节（汪胜男，2014）。

在规划范围方面，土地规划是全域性的，是对行政辖区内的全部土地的利用结构及其布局进行总体安排。而村镇规划是局域性的，其具体范围由当地行政单位根据区域内城乡经济社会发展水平和统筹城乡发展的需要来划定，其核心是对村镇规划区内各类用地，尤其是建设用地的空间布局进行综合部署。《城乡规划法》中规定：城乡规划所称规划区，是指城市、镇和村庄的建成区以及因城乡建设和发展需要，必须实行规划控制的区域。规划区的具体范围由有关人民政府在组织编制的城市总体规划、镇总体规划、乡规划和村庄规划中，根据城乡经济社会发展水平和统筹城乡发展的需要划定。而在该法出台之前，村镇规划研究的重点范围仍然是镇和村庄的建成区，对农村非建设区的研究及规划引导不够（汪燕衍，2011）。从这一意义上看，两者存在着局部与整体的关系（王昊，2009）。

所以，两者在规划时间和空间上的错位，难以及时管控建设用地无序扩张的现象，导致周边耕地乃至基本农田保护区被蚕食的现象出现。

2. 基础资料与用地分类

在基础资料方面。首先在规划底图上，土地利用总体规划采用的土地利用现状数据是在全国统一开展的土地利用现状调查的基础上，进行逐年变更，是经逐一调查、核实、纠正而形成的可信度较高的土地详查资料（汪胜男，2014；汪燕衍，2011）；而村镇规划的土地利用现状数据是静态数据，一般为城乡规划管理部门提供的数据，是由规划工作者对照地形图与影像图绘制所得，数据误差较大且更新不及时（张勇等，2003）。其次，在人口统计口径方面，村镇规划中人口预测根据《镇规划标准》GB 50188—2007确定，包括常住人口、通勤人口和流动人口；而乡镇土地利用总体规划中的人口仅考虑城镇户籍人口，并不包括流动人口。所以，村镇规划预测的总人口和城镇人口都大于土地利用总体规划的预测数据。人口规模预测方法的不一致导致人口规模预测值的不同，使得最终确定的总用地面积和控制性人均指标均难以衔接（汪燕衍等，2011）。

在用地分类方面。上轮乡镇土地利用总体规划（2006—2020年）是在土地现状分类（包括过渡期分类和二调分类）的基础上，根据规划管理需要进行调整，得到规划分类体系为：一级类3个，为农地、建设用地、未利用地；二级类11个，为耕地、园地、林地、牧草地、其他农用地、城乡建设用地、交通水利用地、其他建设用地、水域、滩涂沼泽、自然保留地；三级类33个。现行村镇规划是依据《镇规划标准》GB 50188—2007中用地分类标准进行分类：居住用地（R）、公共设施用地（C）、生产设施用地（M）、仓储用地（W）、对外交通用地（T）、道路广场用地（S）、工程设施用地（U）、绿地（G）、水域和其他用地（E）9大类、30小类。两项规划的建设用地分类差异最大：①特殊用地，土地规划将其归为建设用地，而村镇规划不将其列入建设用地范畴，而划分为其他用地；②水库水面，土地规划将其归为水利设施用地，属于一级类中的建设用地；村镇规划将其归入水域用地，也不作建设用地考虑。③绿地，土地规划依据土地现实使用和权属情况，作为非建设用地统计，而村镇规划将其作为防护绿地纳入建设用地范畴（汪燕衍，2011）。基于此种情况，2011年颁布了《城市用地分类与规划建设用地标准》GB 50137—2011，以实现与《土地利用现状分类》GB/T 2101—2007的衔接，在原标准基础上增设了城乡用地分类，并调整了城市建设用地分类。但在实际操作过程中发现两者在绿地、区域公用设施用地、特殊用地和水域等地类的界定上并不完全一致。地类划分不同便会导致用地空间难以一致。例如，对于镇区的城镇用地管理就经常出现符合两规中的一规而不符合另一规的情况。此外，靠近城镇建成区的高速公路两侧的绿地，在城市规划中纳入统计镇区建设用地统计范畴，但是土规中却不纳入，导致即使数据一致，空间边界仍然不一致（江文文、戴熠，2012）。当不一致情况出现时，便需要两个规划反复地对比核实后调整规划，导致行政效率低下。

3. 规划用地规模与布局

土地利用总体规划中的用地指标有两个维度：规模维度和控制性维度。其中，规模维度的指标又可分为总量指标（耕地保有量、基本农田保护面积、建设用地总规模、城乡建设用地、城镇工矿用地、交通水利及其他用地的规模）；增量指标（新增建设用地规模、新增建设占用耕地规模、土地整治补充耕地规模）；效率指标（人均城镇工矿用地）。控制性维度的指标又可分为约束性指标（耕地保有量、基本农田面积、人均城镇工矿用地、新增建设占用耕地规模、开发整理复垦补充耕地规模）和预期性指标（城镇工矿用地、交通水利及其他用地规模、新增建设占用农用地规模）。

土地利用总体规划在用地布局方面将土地划分为农用地、建设用地和其他土地三个一级类，并进一步划分为二级地类和三级地类，通过地类来管控每块土地。此外，县级规划还要求划定土地利用分区，而乡镇规划则在此基础上落实区划界线，并确定区内每一块土地的用途，以实现对土地使用布局的管理与调控。

而城乡规划主要是对建设用地的用途进行管控，将城市规划区划分为居住用地、公共管理与公共服务设施用地、商业服务业设施用地、物流仓储用地、工业用地、公用设施用地、道路与交通设施用地、绿地与广场用地。对于以上用地的具体开发地块，又通过容积率、建筑密度、绿地率等用地指标控制开发强度。对于基础设施、公共服务设施、公共安全设施则控制其用地规模、范围及地下管线等（丁雨眸，2016）。

两规的用地规划矛盾最突出之处也在于建设用地，主要是对建设用地规模的确定存在差异。在土规中，建设用地规模是根据上位规划的建设用地、耕地、基本农田指标等要求，自上而下落实和分解建设用地指标，并根据《土地利用现状分类》对城乡建设用地进行统计。在村镇规划中，建设用地规模的确定是在综合村镇发展条件的基础上，先预测规划期内的人口规模，再根据城镇和村庄人均建设用地指标，并按照《城市用地分类与规划建设用地标准》对城市建设用地进行统计。两规编制依据、测算方法和统计口径的不同，使两规在建设用地规模控制和空间布局方面未能有效衔接（武睿娟、吴珂，2010）。

4. 空间管制分区与要求

自2006年第三轮土地利用总体规划编制开始，土规便引入了空间管制的模式，但其空间管制的分区与要求都与城规有一定差异。土规将空间划分为"三界四区"，即城乡建设用地规模边界、城乡建设用地扩展边界、禁止建设用地边界，以及允许建设区、有条件建设区、限制建设区和禁止建设区。其中，建设用地规模边界依据各类规模控制指标划定；建设用地扩展边界可采用其他相关规划的同类边界；建设用地禁建边界依据限制建设区和禁止建设区划定。其管控的核心是强调对基本农田的保护，并加大对建设用地的空间管制，关键在于城乡建设用地边界的控制。

而城规的空间管制可概括为"五线四区"，即绿线、蓝线、紫线、红线、黄线，以及已建区、适建区、限建区和禁建区。五线中的绿线对应绿地，蓝线对应水体，紫线对应历史文化街区和建筑，红线对应用地红线、道路红线和建筑红线，黄线对应基础设施，用五种类型的控制线来实现对这些对象的管控。已建区是已有的城镇建设用地地区；适建区是可以进行城镇建设的地区；限建区主要为隔离带和区域绿地等；禁建区为严格禁止城镇建设地区。

两者的差异主要体现在：①分区依据不同，乡镇土地利用总体规划的空间管制分区主要是依据上级规划土地用途区与建设用地空间管制的要求。而村镇规划主要是基于城乡生态安全的角度，综合考虑自然环境、社会经济以及工程技术条件等因素。②分区范围不同，两规的限建区同名不同范围，允许建设区与有条件建设区范围也不完全吻合，土规的范围要大于城规。③分区管制要求不同，两规对建设用地管制分区的强制性要求还不明确。土规中的禁建区主要强调保护现状自然资源和生态环境敏感区，而城规除了保护生态用地外，还需控制生态走廊、风景旅游区的核心区用地等。而且，土规将禁止建设区和有条件建设区作为强制性内容，而城规中未明确规定。

5. 规划审批层级与标准

按目前的法律规定，乡镇土地利用总体规划是由省、自治区、直辖市政府审批，而村镇规划则是由乡镇的上一级人民政府审批（区、县、县级市）（汪燕衍，2011）。《土地管理法》规定，省、自治区、直辖市的土地利用总体规划，报国务院批准。省、自治区人民政府所在地的市、人口在一百万以上的城市以及国务院指定的城市的土地利用总体规划，经省、自治区人民政府审查同意后，报国务院批准。其余的土地利用总体规划，均逐级上报省、自治区、直辖市人民政府批准。其中，乡镇土地利用总体规划可由省级人民政府授权设区的市、自治州人民政府批准。《城乡规划法》规定全国城镇体系规划由国务院城乡规划主管部门报国务院审批。省域城镇体系规划由省、自治区人民政府报国务院审批。直辖市的城市总体规划由直辖市人民政府报国务院审批。省、自治区人民政府所在地的城市以及国务院确定的城市的总体规划，由省、自治区人民政府审查同意后，报国务院审批。其他城市的总体规划，由城市人民政府报省、自治区人民政府审批。县人民政府所在地镇的总体规划由县人民政府报上一级人民政府审批。其他镇的总体规划由镇人民政府报上一级人民政府审批。乡规划、村庄规划由乡、镇人民政府报上一级人民政府审批（图 7.1）。因此，相对来说，乡镇土地利用总体规划的审批级别高于村镇规划，层级越高，其保护土地资源的意识就会越强，要求也会越严格。地方政府迫于经济发展的压力，在审批镇总体规划、乡规划、村庄规划时，对控制建设用地规模管控不够严格，而且县（市）政府在审批镇总体规划时，又缺乏总量把握，乡镇建设用地规模加在一起总量失控的情况比较普遍。

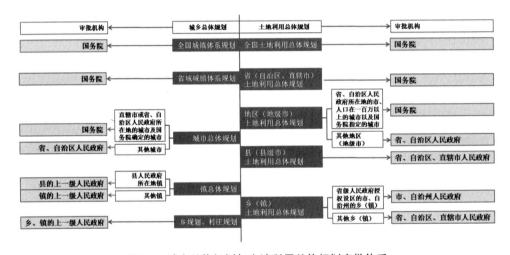

图 7.1　城乡总体规划与土地利用总体规划审批体系

7.3.2　乡镇级"规土融合"的矛盾根源

在管理体制上，两规分属平级的不同部门管理；在规划思路上，两者分别为"以需定供"与"以供定需"；在规划重点上，两者分别为"重布局轻指标"与"重指标轻布局"；在法律依据上，两者分别为《土地管理法》与《城乡规划法》（图 7.2），以上差异综合作用便导致两规技术性矛盾的产生。

1. 管理体制："建设部门"与"国土部门"

长期以来，我国实行条块并行的行政管理体制，各部门之间权力分割严重，且缺乏有效的协调机制。在 2018 年国家部委调整以前，就城乡规划和土地利用

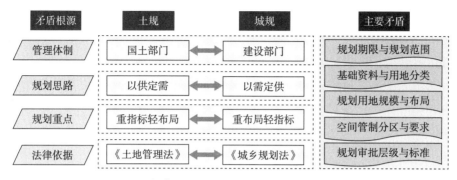

图 7.2　乡镇级"规土融合"主要矛盾与矛盾根源

总体规划的编制和管理而言，前者由建设部门主管，后者由国土部门主管，两者分属于两个在行政上同级的单位，行政体系平行且各自独立，导致两者的编制思路和处理方法均有所差异。此外，编制机构彼此之间也缺乏有效沟通。这就使得两规编制自成体系，内容相互交叉、事权划分不清甚至彼此冲突，进而使得规划成果的衔接和实施困难，规划审批和项目落地也存在问题（汪燕衍等，2011）。改革开放后，市场因素逐渐扮演着日益重要的角色，各部门之间的经济利益冲突更加突显，各部门为争取自身利益，纷纷编制规划，各类空间规划的落实均表现为对土地资源的争夺，加剧了不同规划之间的协调难度。

2. 规划思路："以需定供"与"以供定需"

村镇规划与土地利用总体规划的指导思想不同，村镇规划是"以需定供"的规划思路，即在分析村镇的社会、经济、人文等发展条件的基础上，按照市场经济条件下村镇发展的客观规律（王昊，2009），提出村镇发展战略和发展规模等目标，对村镇发展用地作出统一安排。其规划目标的确定主要是通过预测城镇人口规模，再按国家的人均建设用地面积指标估算城市用地规模和设施水平（罗小龙等，2008），以满足预测人口的需求。重点在于从需求出发，着眼于发展。而土地利用总体规划是"以供定需"的规划思路，即根据上级层层下达、逐级分解的指标，将建设占用耕地面积、新增耕地面积和净增耕地面积三项控制指标落实到位（陈常优、张本昀，2006）。其规划目标的确定主要是围绕政府下达的指标进行预测和空间配置。重点在于从供给出发，着眼于保护。两者指导思想相逆导致两者的交叉重叠部分较易出现供需矛盾，尤其是建设用地的规模和布局成为两者矛盾的凸显之处。

3. 规划重点："重布局轻指标"与"重指标轻布局"

虽然两者都强调合理利用国土资源，优化空间资源配置，但两者的规划重点仍有所差异。村镇规划"重布局轻指标"，强调土地空间布局与使用指引，规划重点在于对规划区进行用地规划布局，建设用地的拓展与布局是核心。然而，地方政府对土地财政的过度依赖，驱使其通过调整用地性质和扩大用地规模等方式不断增加经营性用地规模，这种以资金为导向的土地城镇化远快于以人口为导向的土地城镇化，导致城市建设用地规模不断扩大，侵占生态绿地（马方、杨昔，2014），突破了土地利用规划中的控制指标。而土地利用总体规划"重指标轻布局"，强调落实"保护耕地和基本农田"的基本国策，规划重点是落实基本农田和建设用地的控制指标（顾朝林，2015），实现耕地总量动态平衡，注重保护耕地和控制建设用地。然而，在具体操作过程中，往往又只注重指标规模的完成，对于基本农田保护"只重量不重质"，未锁定基本农田的布局，就导致"占了良田补劣田"的情况出现，更有甚者将荒山划成了基本农田，与基本农田的内涵和初衷相悖。因此，两规的不融合导致城乡用地在空间协调和指标分配上脱节，造成了"土规有指标不管空间、城规落空间不管指标"的尴尬境地，难以较好地平衡经济发展与耕地保护之间的关系，进一步导致两者的空间管制分区不吻合等问题的出现。

4. 法律依据：《土地管理法》与《城乡规划法》

村镇规划和土地利用总体规划编制的主要法律依据分别为《城乡规划法》和《土地管理法》。《城乡规划法》是专门针对城乡规划的立法，其在保障城乡规划的实施方面具有法律效应，相较之下，《土地管理法》中只是设置了专门的章节对土地利用总体规划进行说明，并非针对土规的专门立法。土规由于缺乏必要的法律法规作为支撑，其在实际操作中的宏观控制和约束力便被大大削弱。只能对土地利用进行宏观控制性的规划，但在如何保证规划顺利实施及如何惩戒违反土规行为方面尚不够明确（牛志明、刘新平，2015）。由于土规缺乏权威的立法保障，也就难以约束具有较高权威性的城乡规划，导致一些城镇在编制城乡总体规划时，大量占用耕地，不切实际地盲目扩大城镇范围，造成土地供应总量失控，规划指标被提前用完（谢杰琦，2008）。此外，两规所依据的法规体系分化，不但对两规提出不同的审批要求，还会产生不同的规划技术标准，导致两类规划编制的规划目标和规划内容均会存在一定的差异。规划基年和目标年往往不一致，预测所用到的数据和模型也不一样，加上规划期限不一致，不同规划便难以协调。

7.4 实现路径与技术创新：以武汉市的规划实践为例

7.4.1 乡镇总体规划编制背景

武汉市素有规土编制单位合署办公的传统，为规土融合奠定了有利的体制基础。2010年，武汉市城市总体规划和土地利用总体规划相继获得国务院批复，为了更好地层层落实两个总体规划的融合，武汉市便将镇域总体规划和乡镇土地利用总体规划合一编制，统称为"乡镇总体规划"（肖昌东等，2012）。此后，武汉市国土资源和规划局组织召开全市乡镇总体规划编制动员大会，重点关注"规土"的衔接问题（汪燕衍，2011）。最终历时三年完成了全市80个乡镇总体规划编制，实现了法定规划的市域全覆盖，为建立"规土合一"的"一张图"管理平台奠定了基础。

乡镇总体规划的主要任务可概括为两个方面：一是"承上"——在乡镇域范围内落实上层规划的目标和要求；二是"启下"——统筹安排乡镇域本身的各项发展。其中，"承上"部分主要包括：①分解、落实市、区级经济与社会发展目标；②确定各乡镇近远期城镇和农村总人口指标；③将城市、区域性大型基础设施在乡镇域内进行空间定位；④分配乡镇城镇、村庄用地指标，交通、水利等非农用地指标，基本农田保护面积指标等。"启下"部分主要包括：①制定乡镇经济、社会发展、环境保护目标，②确定乡镇性质、规模和发展方向，并对各类用地进行总体布局；③村庄撤并、改造与布局；④乡镇域教育、卫生、文化等社会服务设施的布局；⑤乡镇域交通、水电、水利等基础设施布局。⑥乡镇域土地利用各项规划指标的落实、基本农田保护区及各类土地利用用途分区的划定。

7.4.2 乡镇总体规划编制的核心思路

乡镇总体规划应依照相关法律法规的规定，在实现"规土融合"的同时也注重与上位规划的衔接，并组织公众参与，保障规划的可行性。其编制的核心思路如下：

（1）相互借鉴，互为补充。借鉴城规空间布局的思想和土规指标控制的理念，在土规给定的指标范围内布局各类用地，并将城规在城镇地区的规划重点与土规在农村地区的规划重点相互补充。

（2）统一数据，相互协调。建立两规统一的编制技术基础，采用相同的数据收集途径，统一基础数据；实现两规用地分类的对接；并采用相同比例的底图。

（3）同编同调，循环衔接。两规合一编制，并同时调整。即在其中一个规划需要调整规划方案时，也同时调整另一个规划。在确定建设用地总指标时，城规先将土规规定的总指标分解下达给各村镇，然后再反馈给土规，同时满足两规要求后再最终确定各村镇规模。土规中的城乡建设用地规模边界和扩展边界也根据城规确定的用地规划布局来确定。

7.4.3 乡镇总体规划编制流程与实现路径

武汉市"规土融合"背景下的乡镇总体规划编制流程包括工作准备阶段、基础研究阶段、确定规划目标、方案编制阶段、公众参与与报批实施阶段（图7.3）。

（1）工作准备阶段。工作准备阶段主要包括组织准备和技术准备两方面。其中，组织准备又可分为领导决策机制、组织编制机制和经费保障机制，该方面的"规土融合"主要体现在规划和国土合署办公。技术准备方面包括基础资料调查、规划基数确定、基础图件准备，在乡镇级的两规合一编制过程中实现了规划基础数据的共享，建立起"一张图"平台。

（2）基础研究阶段。基础研究主要包括农村居民点调查、基本农田调查、土地整理潜力调查、土地利用现状分析。所有调查数据同样在两规中共享使用，保证规划基础数据的一致性。

（3）确定规划目标。该阶段主要制定发展战略和规划目标，同时满足两规的规划要求，包括城规中的发展战略与定位、经济社会发展目标，以及土规中的土地利用规划目标。

（4）方案编制阶段。乡镇级的规划方案既包含了城规中的镇域体系规划和镇区结构规划，又包含了土规中的土地利用布局，而在镇域空间管制方面则统一划定空间管制区。

（5）公众参与、报批实施阶段。组织相应乡镇有关部门、干部和群众积极参与，广泛听取意见，最后报批规划成果，对规划内容进行公告。

7.4.4 乡镇"规土融合"技术要点与技术创新

在整个乡镇总体规划的编制过程中，"规土融合"的技术要点可概括为：共享基础数据平台、对接用地分类标准、优化镇域镇村体系、协调用地空间布局、

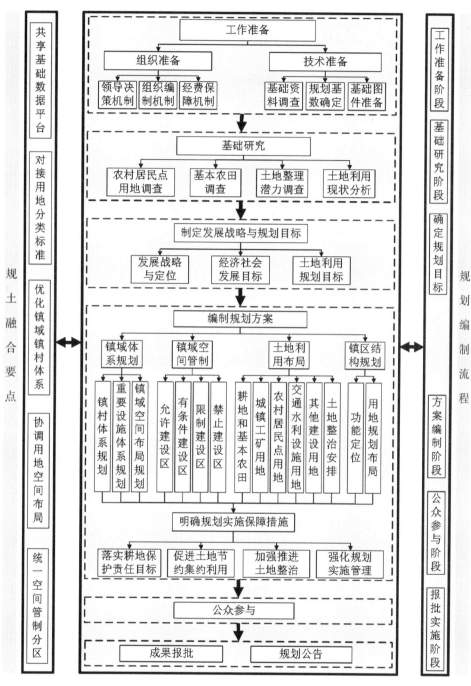

图7.3 武汉市乡镇总体规划编制流程

统一空间管制分区（图 7.4）。

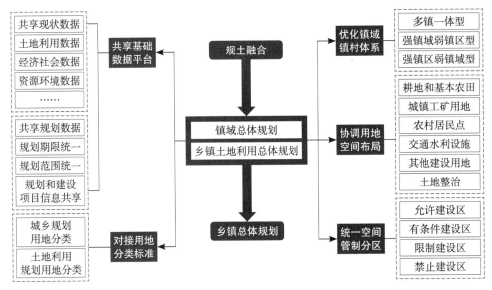

图 7.4　乡镇级规土融合技术要点

1. 共享基础数据平台

共享现状数据：根据乡镇总体规划编制的需要，建立统一的基础数据平台，土地利用现状数据采用 2005 年的土地利用变更调查数据，并将经济社会、资源环境、重要设施、地形图、影像图等信息都集成到一个统一的平台上，两规均采用相同基础数据和图件。

共享规划数据：首先，规划期限的统一。此轮乡镇总体规划的规划期限与第三轮土地利用总体规划的期限一致，即 2006—2020 年。规划以 2005 年为规划基期年，2009 年为规划参照年，2020 年为规划目标年。规划期限的统一为两规编制内容的融合提供了对接基础。其次，规划范围的统一。土规的规划范围要广于城规，土规规划范围为行政区域范围内的所有用地，而城规主要针对镇区范围内的用地进行研究。此次编制的乡镇总体规划，将规划范围统一延伸至全区域，便于指导全域范围内各村镇的建设，也有利于两规用地规模和布局的协调。此外，相关规划和重大建设项目信息均统一集成到前文所述的数据平台之中，两规的项目组均可以通过该平台查阅资料实现资源共享、信息互通。

2. 对接用地分类标准

由于上级部门的城规和土规仍然分属两个部门管理，规划报批时需要将乡镇总体规划又划分为城规和土规两个规划，达到乡镇总体规划"可分可合"的要求。为此，武汉市制定了《城乡用地分类与土地规划分类对接指南》和《武汉市城市用地分类标准指南》，实现两个规划用地分类的对接。土规的建设用地在镇区不细分，但城规的建设用地在镇区按照《武汉市城市用地分类标准指南》进行分类（肖昌东等，2012）。

在编制乡镇总体规划时，两规用地分类对接重点关注的几类用地包括（汪燕衍，2011）：①土规中的"其他独立建设用地"按具体的用地性质纳入城规中的具体类别之中；②土规中的水库水面与城规中的水域用地对接；③土规中的水工建筑用地与城规中的工程设施用地对接（图7.5）。

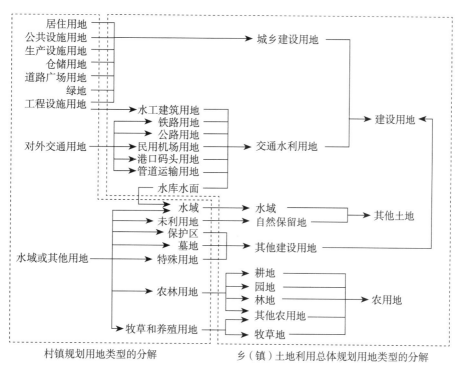

图 7.5 "两规"用地分类衔接图

3. 优化镇域镇村体系

在城镇体系构建中，城规集中关注规划区，而土规广泛关注行政区内全部区域，其关注重点的不同在"规土融合"过程中便产生了矛盾。在"规土融合"的背景下，武汉市构造了市域范围内三级七层次的城乡中心体系结构，即"城（主城、新城）—镇（中心镇、一般镇）—村（重点中心村、中心村、基层村）"。此外，武汉市将全市划分为了内层的都市发展区和外层的农业生态区，针对这两个区的不同发展特点，也构筑了差异化的城乡结构体系：都市发展区内构建"新城

123

实践篇 2

或新市镇—农村新社区"这一扁平化的体系,尽量减少农村居民点数量,节约集约利用土地。生态农业区则形成城乡等级规模体系,即"新城—镇(中心镇或一般镇)—村(重点中心村、中心村、基层村)"。

在乡镇总体规划编制过程中,根据全市的城乡中心体系结构,针对不同乡镇的发展差异,提出了三种镇村体系的主导发展模式(胡飞、徐昊,2012):多镇一体型、强镇域弱镇区型和强镇区弱镇域型(表7.1)。

三种镇村体系主导发展模式   表 7.1

类型	多镇一体型	强镇域弱镇区型	强镇区弱镇域型
案例	汉南区	江夏区郑店街	黄陂区蔡家榨街
特征	以国有农场体制为基础的远城区,大部分土地收归国有,且人口大多是移民,对土地的归属感不强,迁村并点较易开展	靠近主城边缘的一些乡镇,行政中心与经济中心偏离,镇域范围内局部地区社会经济发展超前	外围乡镇,行政中心与经济中心重合
镇村体系	构建"中心城—中心镇—中心社区"三级镇村体系	构建"镇区—农村新社区—农村集聚区—农村居民点"的四级镇村体系	构建"镇区—重点中心村—中心村—基层村"的四级镇村体系
规划编制	打破常规以区为单位,四个乡镇同时进行乡镇总体规划的编制,消除了乡镇之间的壁垒	将各项功能在镇村体系中平行设置,共同承担镇域的综合职能	突出重点中心村的服务功能,培育中心村,适当缩减基层村,构建等级化的农村居民点体系

资料来源:根据《武汉市江夏区郑店街总体规划(2006—2020年)》《武汉市黄陂区蔡家榨街总体规划(2006—2020年)》《"两规合一"背景下的武汉市城乡体系构建探讨》整理

汉南区属于武汉市远城区,是在原有的国有农场的基础上发展而来,大部分土地已收归国有,且人口大多为移民,对当地的归属感不强,迁村并点较易开展。规划提出构建"中心城—中心镇—中心社区"三级镇村体系。在乡镇总体规划过程中,打破常规以区为单位,将区内的纱帽街、湘口街、东荆街和邓南街四个乡镇的乡镇总体规划同时进行编制,消除了乡镇之间的壁垒。

江夏区郑店街这类靠近主城边缘的乡镇,其行政中心与经济中心偏离,镇域范围内布局地区社会经济发展状况超前,逐渐弱化了其与镇区之间的联系。比如,江夏区郑店街的黄金工业园位于镇域北部,紧邻纸坊街的黄家湖地区,在功能上实现了与黄家湖地区的一体化发展。因此,规划提出构建"镇区(含园区)—农村新社区—农村集聚区—农村居民点"的四级镇村体系,将各项功能在镇村体系中平行设置,共同承担镇域的综合职能。

黄陂区蔡家榨街这类型城市外围的乡镇,行政中心与经济中心重合,镇域的发展围绕镇区展开。规划提出构建"镇区—重点中心村—中心村—基层村"的四级镇村体系，突出重点中心村的服务功能，培育中心村，适当缩减基层村，构建等级化的农村居民点体系。

4. 协调用地空间布局

在用地空间布局方面，乡镇总体规划主要落实两方面内容：一是城规中的城乡建设用地空间布局，二是土规中对基本农田、生态用地等的保护指标。其具体做法为：①耕地和基本农田。主要达到保护耕地、落实基本农田保护指标和推进高产农田建设的目的。例如，郑店街规划基期的耕地占土地总面积的41.83%，其规划措施是：首先，限定规划期内的新增建设用地占用耕地指标，并通过土地整理复垦或易地补充的方式保证耕地保有量。其次，对于基本农田不但确保其数量，还提升其质量。对于优质耕地等继续作为基本农田，对于土地整理复垦开发新增的优质耕地也调整为基本农田，对于质量较差的基本农田予以调出。最后，推进高产农田建设，完善其农业配套设施和灌溉体系等。而蔡家榨街规划基期的耕地占土地总面积的60.53%，这方面的规划目标较易达到。②城镇工矿用地。主要目标是促进城镇集中集约式发展。首先，限定城镇用地面积和人均城镇用地面积。其次，控制采矿用地规模，整治零星分散的采矿用地。最后，调整独立建设用地布局，引导其向城镇集中。例如，郑店街的人均城镇用地由规划基期的230平方米降为规划末期的165平方米，采矿用地减少56.7%，独立建设用地减少18.8%。蔡家榨街提出采矿用地由规划基期的0.49公顷降低为规划期末的0公顷，独立建设用地减少10%的目标。③农村居民点用地。武汉乡镇总体规划将农村居民点划分为新建型、控制型和复垦型，对三种类型的村庄采取差异化的用地布局模式。新建型是需要进行村改居或集中还建的村庄；控制型是可以保留但在规划期内用地不得扩大的村庄；复垦型是规划期内拆迁并复垦为农用地的村庄。例如，郑店街划定的新建型、控制型和复垦型村庄个数分别为42个、101个、127个，蔡家榨街分别为27个、66个、151个。④交通水利设施用地。在交通用地方面，在保障较高级别区域性交通用地需求的同时，也加强区、乡级的公路网络建设。在水利设施用地方面，保护湖泊水库，加大水利基础设施建设。例如，郑店街规划期末交通用地水利用地比现状增加27.8%；蔡家榨街交通水利用地变化不大。⑤其他建设用地。保障风景名胜区以及军事用地等特殊用地的需求，同时也对废弃、闲置的用地进行复垦整理。⑥土地整治安排。土地整治的主要目标是增加耕地。首先，通过农用地整理提高耕地质量，提高有效耕地面积。其次，通过废弃矿山的恢复和农村居民点用地的整合实现建设用地的复垦，在此基础上可开展城乡建设用地增减挂钩工作。最后，对荒草地等宜耕土地适度开发为耕地，作为后备土地资源。例如，郑店街划定了 4 个农用地整理项目、16 个建设用地复垦项目和 23 个自然保留地开发的项目，蔡家榨街划定了 2 个农用地整理项目、2 个建设用地复垦项目和 22 个自然保留地开发项目，以达到增加耕地的目的。

5.统一空间管制分区

乡镇总体规划将城规中的"五线四区"与土规中的"三界四区"相结合，提出"三线四区"的概念（马文涵、吕维娟，2012），划定城乡建设用地规模边界、扩展边界和生态保护底线，形成允许建设区、有条件建设区、限制建设区、禁止建设区四个管制区域（图 7.6，表 7.2）。

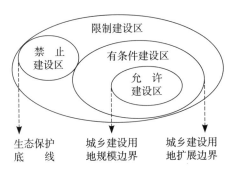

图 7.6 乡镇总体规划空间管制"三界四区"划分

乡镇总体规划空间管制分区   表 7.2

管制区	主要任务	区域范围	案例区	
			郑店街	蔡家榨街
允许建设区	落实用地指标，保障城乡建设及产业发展用地	城乡建设用地规模边界内，是城乡建设用地选址布局的区域	包括镇区、物流园区、工业园区、新建及控制型村湾、独立建设用地	包括镇区、新建型村湾及工矿企业用地
有条件建设区	协调控制指标与空间布局的矛盾，增强建设用地空间布局的弹性	城乡建设用地规模边界外、扩展边界内，是未来城镇发展可能拓展的区域	在核减允许建设用地规模的基础上启用有条件建设区	在核减允许建设用地规模的基础上启用有条件建设区
限制建设区	落实耕地保护任务，保障农业生产	行政区范围内、城乡建设用地扩展边界外，除禁止建设区以外的区域	占全街土地总面积的43.4%，其中，一般耕地占51.5%，基本农田占45.8%，复垦耕地占2.7%	典型的农业区，其限制建设区面积占全街土地总面积的比例高达84.4%

管制区	主要任务	区域范围	案例区	
			郑店街	蔡家榨街
禁止建设区	保护生态环境和自然资源等	生态保护底线内的区域	一区主要控制湖泊、水库和水体，二区主要控制绿化带	一区主要控制水库和湖泊，二区主要控制一区周边的保护带及山林保护区

资料来源：根据《武汉市江夏区郑店街总体规划（2006—2020 年）》《武汉市黄陂区蔡家榨街总体规划（2006—2020 年）》整理

（1）允许建设区位于城乡建设用地规模边界内，是城乡建设用地选址布局的区域，用于乡镇建设、产业发展等，重点保障镇区的建设用地。对于允许建设区，可以划分为城镇允许建设区、村庄允许建设区、独立工矿允许建设区。例如，郑店街的允许建设区主要包括郑店镇区、华中物流园区、黄金工业园区、规划确定的新建型、控制型村湾用地以及规划独立建设用地，土地总面积为1804.16公顷，占全街土地总面积的13.9%；蔡家榨街主要包括镇区、新建型村湾及工矿企业用地，土地总面积为720.00公顷，占全街土地总面积的8.4%。

（2）有条件建设区是位于城乡建设用地规模边界外、城乡建设用地扩展边界内的区域，是未来城镇发展可能拓展的区域，主要协调控制指标与空间布局的矛盾，在保证用地指标达标的前提下增强用地空间布局的弹性，控制城、镇、村的外延扩展。启用有条件建设区的前提是区域内的允许建设区用地已达80%以上。例如，郑店街和蔡家榨街均满足这一前提条件，在核减相应允许建设区用地规模的基础上启用有条件建设区。郑店街的该区主要位于华中物流园区以东、沿绕城公路两侧布局的地区，土地总面积为365.12公顷，占全街土地总面积的2.8%。蔡家榨街的该区主要位于蔡家榨街区东侧地区，土地总面积为148.20公顷，占全街土地总面积的1.7%。

（3）限制建设区是行政区范围内、城乡建设用地扩展边界外，除禁止建设区以外的区域，主要落实耕地保护任务，保障农业生产。除规定的特殊情形外禁止进行建设，对于规定范围内允许建设的项目也限制其建筑高度、建筑面积。例如，郑店街的限制建设区内的一般耕地占51.5%，基本农田占45.8%，其余用地为规划期内实行复垦的耕地，占2.7%，该区占全街土地总面积的43.4%。蔡家榨街作为典型的农业区，其限制建设区面积占全街土地总面积的比例更是高达84.4%。

（4）禁止建设区是位于生态保护底线内的区域，主要满足保护生态环境和自然资源等需要，禁止与主导功能不符的开发建设活动。并按照土地主导用途及保护控制的程度划分为禁止建设一区和二区，一区主要是保护生态环境，二区主要是维护生态安全格局，一区的保护控制程度严于二区。例如，郑店街的禁止建设一区主要控制湖泊、水库和水体，土地总面积为4528.66公顷，占全街土地总面积的34.9%；二区主要控制绿化带，土地总面积为663.88公顷，占全街土地总面积的5.1%。蔡家榨街的禁止建设一区主要控制水库和湖泊，土地总面积为217.20公顷，占全街土地总面积的2.5%；二区主要控制水库、湖泊周边的保护带及山林保护区，土地总面积为253.80公顷，占全街土地总面积的3.0%。无论是一区还是二区都对区内的控制要素限定了相应的控制宽度和控制面积。

7.5 本章小结

本章分析了乡镇级"规土融合"的技术性矛盾及其矛盾根源，认为村镇规划和乡镇土地利用总体规划的管理体制、规划思路、规划重点及法律依据的差异导致两规矛盾出现，在我国城乡统筹的背景下，"规土融合"在乡镇级的研究与实践面临许多机遇与挑战。武汉市的乡镇总体规划从共享基础数据平台、对接用地分类标准、优化镇域镇村体系、协调用地空间布局、统一空间管制分区等方面做出了尝试，以达到实现乡镇级"规土融合"的目的，为国内其他城市的"规土融合"提供了借鉴和参考。

武汉市乡镇级规土融合的实现得益于以下几个方面的努力：首先，在行政体制上，武汉市规土编制单位合署办公，为规土融合的实现提供了基础；其次，在技术标准方面，武汉市所建立的"一张图"系统，实现了基础数据和规划数据的统一，为规土融合的实现提供了支撑；最后，在规划管理方面，两规同编同调，用地审批同查两规，为规土融合的实现提供了保障。尽管武汉市在乡镇级的规土融合取得了一定的成效，但在规划编制及实施过程中仍然存在一些问题。首先，在规划编制期间，由于上级管理部门仍然隶属于国土资源和城乡规划管理两大部门，为了满足审批要求，乡镇总体规划就需要达到可分可合的要求。然而，从乡镇总体规划中分离出来的镇域总体规划不是严格意义上的"镇总体规划"，其规划审批缺乏依据，导致规划审批受阻。其次，在具体项目的用地审批方面，土规可直接指导用地审批，而城规只能从宏观上把握用地发展方向，具体用地审批需要由控规来指导，导致乡镇规划实施过程中局部地区多次出现变更用地性质的请求。因此，乡镇总体规划在镇区需要进一步深化编制控制性详细规划才能更好地指导用地审批。

规划编制与规划管理和规划实施均密不可分，解决两规的技术矛盾只是实现"规土融合"基础性的第一步，从管理机制层面协调两规矛盾才是问题的核心，需要从国家层面整合各系统要素，制定一个纲领性的空间体系规划，指导各部门规划的编制实施。而各部门规划融合的顺利落实最终要通过法律法规的约束与规范才能得到保障，这在理论层面和实践层面均需进一步的研究和探索。

第八章 创新实践II：土地管理响应

——以武汉市基于"规土融合"的土地节约集约利用评价为例

武汉市"规土融合"相关工作的核心价值，体现在不局限于对原有空间规划体系的梳理，也不仅是置于空间规划框架下的修正性改革。其工作创新的支点，是两大核心空间规划矛盾点的形成机制，并以此为破题的关键着力创新。除了实现两大规划体系的有效衔接、良好融合相关部门与管理工作、形成乡镇层面两规合一的编制范式，其也充分认识到，土地价值的显化与提升深受空间规划方案的影响，而空间规划的编制也遵循着土地价值的空间分异规律。因此，土地利用效率可作为考察城市规划功能布局是否合理以及土地利用规划对资源的配置是否科学的重要指标。而在我国树立起的土地节约集约利用价值导向下，土地利用效率的评价又可以落实到土地的节约集约利用评价体系内。

基于上述理念与技术可行性，武汉市对土地节约集约利用评价体系进行了创新，创新的核心目标在于促进评价结果与空间规划的良性互动。不仅在很大程度上增强了空间规划的科学性与可实施性，也能成为消化土地开发与土地保护矛盾的媒介，一定程度上在源头化解了两规的冲突。除了缓和现状问题，沟通土地节约集约评价成果与空间规划也响应了我国空间规划从"增量崇拜"向"存量优先"转型的需求。由于存量规划将促使规划任务由空间资源配置逐渐走向空间资产管理，不仅会深刻改变城规与土规的关系，也亟须形成规范增量配置与活化存量潜力兼顾的长效机制。而在土地节约集约利用评价体系内，"节约"侧重于对增量用地的控制，"集约"关注存量用地的更新潜力，正体现了对二者的兼顾与均衡，在存量规划时代必将更多地介入空间规划过程，构建起两个体系的沟通机制必要且迫切。至此，武汉市已跳出空间规划的技术框架，融入了土地资源管理的内涵。通过两大核心规划的全面衔接，配合上科学有效的土地资源管理模式，促进地方合理空间结构的形成与土地资源的可持续利用，也是推动"两规融合"向"规土融合"内涵外延的重要创新。

本章将系统梳理武汉市基于"规土融合"理念对土地节约集约评价体系的创新内容，并挖掘背后的核心理念。进而思考这一创新实践对促进"两规"融合的积极意义，以及对空间规划转型的促进与支撑作用。以期更好地诠释武汉市"规土融合"的外延内涵与创新价值，也对相关研究进行有益补充，为相关实践提供启发。

8.1 土地节约集约利用评价与两规融合

8.1.1 土地节约集约利用评价的意义

土地集约经营的理念最早来源于对农业土地利用的研究，即在一定面积的土地上集中投入较多的生产资料与劳动力，使用先进的技术和管理方法，以实现在较小面积的土地上获得高额产量和收入（汤国华，2008）。随着城镇化及人们对土地利用关注的发展，开始涉及城市建设用地的节约利用。土地节约集约利用，其实包含了两层内涵：节约用地与集约用地。在土地资源管理的体系内可以认为，节约用地是指不同土地用途间的相互关系，一般指二维平面空间内土地合理利用规模的问题，主要通过测算各种用地指标实施控制的一种土地合理利用方式。而集约用地，关注的是同一类用途内的土地利用效率问题，主要通过增加各种投入（如资本、技术、管理等）来提高承载、强度或产出的一种土地合理利用方式（郑新奇，2014）。此外，土地集约利用是一个动态过程，伴随着经济发展水平和科学技术的进步，城市用地效率也会不断提升，应当是一个土地价值稳定攀升、土地使用潜能不断被挖掘的过程（林琼华，2008）。从定义来看，二者内含着对土地利用效果的评判，且代表着正向的发展目标，即土地利用模式以节约、集约为优。因此，良好的土地利用模式，应当具有以下特征：首先，静态上各类用地相对规模比例是科学、合宜的；其次，动态上用地类型间相互转化的规模与速度是合理且适中的；最后，各类用地整体上，乃至微观的每块宗地上的投入与产出都是相对高效且可持续的。

明确其为价值导向之后，土地利用是否实现了节约集约，需要借助一定的评价手段及标准加以衡量。实践中，我国已初步建立起了土地节约集约利用评价工作体系，形成了部分评价规程。国家运用行政、经济、法律、技术等手段来评估城市土地的规模、布局、结构、用途、利用强度是否合理。目的在于全面掌握城市土地节约集约利用的落实程度、挖潜空间、布局情况及相应的变化趋势，并在此基础上指导土地节约集约利用政策制定，促进科学用地、管地，提高城市土地利用效率和利用效益（陈韦、洪旗、陈华飞等，2016）。具体技术手段方面，借助一定的评价指标体系展开评价，指标体系选取的科学性直接影响评价结果的合理性，而指标一方面来源于影响土地节约集约利用的因素，另一方面也需要体现土地利用的产出效果。影响因素具有多样性，例如土地单位面积内资金、技术等的投资及其使用状况（宋春云，2015），土地功能的整体部署等。产出效果的标准随着时代需求转变也处于不断提升中，不再单纯强调经济效益，开始追求经济、社会与环境间综合效益的统筹协调发展。但不同空间层次的评价，所采用的方法与指标体系也不尽相同。以整个城市空间为对象的评价，强调城市综合效益及用地功能、结构的合理性，但功能区层面偏重土地投入产出的效果（林琼华，2008）。

目前，评价结果主要应用于土地相关政策的制定，与规划编制、计划制定的结合不多。但国内各地结合地方特色和发展需求，也开始对评价结果的应用领域展开了多种探索。例如，天津市通过对控规单元的评价，确定每个控规单元的土地利用现状所具有的开发建设潜力，指导控规修订。南通市测算了全市功能区土地节约集约利用潜力的实际值和理论值，并据此制定城市土地节约集约利用挖潜方案（陈韦、洪旗、陈华飞等，2016）。

8.1.2 两规融合的主要目标

承接前文，这里的两规泛指城乡规划与土地利用规划（下文简称"两规"），它们是政府干预土地利用最直接的手段，均发挥着引导性、调控性的作用（陈哲，2010）。城市总体规划聚焦城市范围内的立体空间合理布置，而土地利用总体规划立足宏观角度部署土地用途及布局（郑新奇，2012）。在不同阶段社会经济发展需求的引导下，两规经历了相对独立的发展历程，但也始终处于相互影响中。由于规划编制的出发点不同，两规设计了不同的技术路径与管控手段。但由于缺乏沟通，且本着相互制约的目的，二者出现越来越多的矛盾冲突，反而导致了管控失效的困局。造成土地粗放利用、耕地资源减少、生态环境破坏等一系列资源问题，以及政府寻租、城市结构不合理等各类社会问题。表面上看，是为了应对空间规划体系内部的结构性问题而提出了"两规融合"或"多规合一"战略。

事实上，扭转土地利用方式、修正上述消极后果及负外部效应才是推动规划融合的根本目标。因此，通过"两规融合"在土地层面要实现的主要目标应当包括以下三点内涵。

1. 确保建设用地供需关系的平衡，既避免浪费也避免超载

受编制目的的影响，土规的思路更倾向于"以供定需"，而城规的思路则更突出"以需求供"。两种思路本该形成良性互动，从而引导土地利用需求的理性预测，并规范土地资源的有序供给。但受制于技术语言的差异、管理系统的脱节、利益主体的分化等多方面原因，二者各自为政的现象逐渐导致了一些规划失灵的问题。例如，城市规划曾一度陷入非理性的开发热潮中，在许多地区造成了较严重的土地粗放利用与浪费问题。土地利用规划为了遏制这种"迷失"，虽愈发强调从供给侧的刚性管控，但因权责不匹配难以发挥应有的约束作用，缺乏弹性的问题还加剧了其与城规的错位。两规融合，必将促进两规对建设用地供需关系达成共识，因此也能加速二者编制中价值标准的统一。

2. 提升土地利用效率

我国现有的城市规划体系，重心在对建设的总体安排上，对土地利用效率方面的考虑较为单一；而土地利用总体规划重在对土地资源的分配调控。二者在总体规模上的拉锯，在用地布局上的分歧，浪费了过多的精力在于沟通协调与调整修改。事实上，通过二者的协调统筹，既较好地落实城规发展目标，同时实现土规规模指标，能够倒逼土地利用效率的提升。

3. 平衡土地利用的刚性与弹性管治

土地利用在市场机制的引导下能产生更大的效益，但由于市场存在失灵的风险，空间规划起到了从中调控约束的作用。因此，高效有序的空间规划应当留有充分的弹性，同时保持相当的刚性约束功能。我国的空间规划体系中，土规和城规都具有一定的刚性与弹性管控手段。但总体而言，对城规的弹性空间约束，更多地通过土规的刚性指标来实现。由于二者具有不尽相同的技术体系与管理机制，这种互动关系并未建立起有效的沟通渠道，因而常常难以执行。通过协调，未来土规的刚性更多地会体现在明确"哪些不允许"，而弹性主要是充分给予城规在"允许"范围内的规划建设权限。然而，"允许"范围内城规如何才算做得好，仍缺少一定的评判依据。

8.1.3 相互关系

土地节约集约利用，是一种土地开发利用效果的正向目标。而空间规划是实现由现状到目标的手段，是引导土地利用系统有意识地、自觉地节约集约发展的重要保障。因此，土地节约集约利用与空间规划存在一定的内在关联机制（陈常优、李汉敏，2007）。结合我国主要的空间规划来看，历史发展中形成的某些矛盾机制与自身局限性，未能较好地控制土地粗放利用问题。就空间规划体系内部而言，土规虽然强调对城规粗放利用的约束，但是以规模指标控制的方法为主，二者更多的还是在"节约用地"层面相互影响。而对于集约用地，现有规划体系内相关的支撑技术尚不完善，较难形成规范引导。若通过土规来实现这方面约束，存在两方面不合理：一方面，随着政府与市场的关系逐渐转变，空间规划未来会逐渐减弱刚性管控的内容，更多地发挥公共政策的规范引导作用；强化土规对土地利用方式的具体管控，一定程度上有悖于这一趋势。另一方面，也是更重要的，自上而下编制的土规能够较好地参与调节宏观层面的土地功能结构、总体利用强度、规模增长速度等情况，但对微观层面土地利用方式的管理不仅缺乏技术基础，还有较大风险由于信息损失、沟通不畅导致管理失效，也容易和城规衍生新的矛盾。

然而，作为衡量土地利用效果的技术手段，土地节约集约利用评价体系既独立于空间规划体系之外，又能较好地、较精确地识别用地问题，可以承担起相关职责。通过促进土地节约集约利用评价指导城乡规划编制，实施城乡规划效果评估，可以搭建起城规与土规的沟通桥梁。首先，二者均以节约集约用地评价结果为重要参考来识别用地现状问题及发展趋势，基于对现状条件的全面共识，才能进一步促使二者对规划目标的统一不止于"口号理念"的一致，而能聚焦到具体的实际问题中。其次，对微观地块的节约集约利用评价的加入，一定程度上能弥补实施性规划层级内对土地利用方式的管理不足的问题，有效避免土地粗放利用，从源头上削弱了土规与城规的矛盾。再次，土地节约集约利用评价的技术体系充分考虑经济可行性，直接面对的是市场行为，能对空间规划内的弹性内容发挥一定的监管作用，同时极大地增强可操作性，也有利于协调城规与土规在这方面的矛盾。最后，土地节约集约利用评价主要借助指标体系的综合评估，通过对指标的动态追踪能及时更新土地利用效果，且这种更新周期比规划修编周期更具时效性，有助于提升规划实施的可控性（图8.1）。

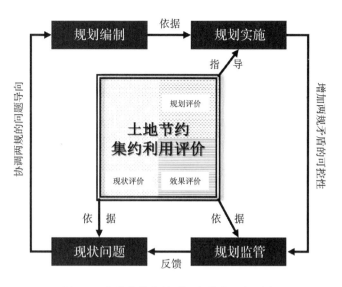

图 8.1　土地节约集约利用评价与两规融合

　　综上所述，落实到技术层面，建立起土地节约集约利用评价与两规融合的互动关系是十分有必要的。另外，由此促发的相关制度创新，也能在一定程度上保障两规融合有序推进，减小衍生新问题的风险。

8.2　土地节约集约利用评价与两规融合

8.2.1　发展历程

　　武汉市 2009 年发布了《关于印发武汉市城镇土地集约利用评价要点（试行）的通知》，并在硚口区和东西湖区先后试点。2012 年，武汉市被列为全国 20 个重点城市之一，完成了建设用地节约集约利用评价工作，此轮工作开始探索以"规土融合"为主线的评价模式。并在同年，以江汉区为试点在国内首创下辖行政区的土地集约利用评价与发展规划工作。之后，随着相关工作在其他行政区内的开展与普及，逐渐形成了宏观—中观—微观全覆盖的多层次、多目标评价体系。2013 年与 2014 年，又分别针对高校教育用地与开发区的土地集约利用评价，开展研究与试点创新（图 8.2）。

　　除了技术层面的探索，武汉市也积极制定促进土地节约集约利用的相关政策，保障创新技术的有效实施。具体包括，2011 年完成了《武汉市城镇建设用地节约集约利用评价考核办法的研究》，2013 年制定了《武汉市促进土地节约集

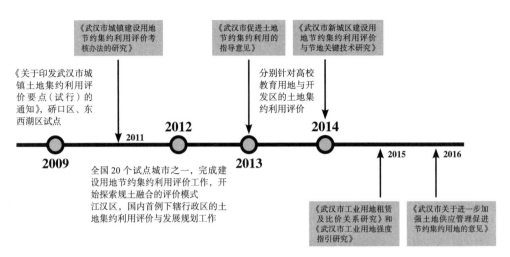

图8.2　武汉市建设用地节约集约评价发展历程

约利用的指导意见》，2014年开展了《武汉市新城区建设用地节约集约利用评价与节地关键技术研究》，2015年开展了《武汉市工业用地租赁及比价关系研究》和《武汉市工业用地强度指引研究》，2016年颁布了《武汉市关于进一步加强土地供应管理促进节约集约用地的意见》。对考核、实施、技术、管理全方位提供了切实的政策支撑，也体现了对重点用地类型及关键区域的"因地制宜"思想。

经历了上述发展后，武汉市逐渐明确了"规土融合"的土地节约集约利用评价体系整体框架。其以城市规划和土地管理融合为视角，构建适应特大城市需求的土地集约利用评价体系，创新了评价的技术和方法，并探索成果应用的途径，创新成果主要集中在评价体系、评价技术方法、评价成果应用等方面（陈韦、洪旗、陈华飞等，2016）。

8.2.2　创新评价体系

1. 国家规程的评价体系

国土资源部从1999年便开始构建我国城市的土地节约集约利用评价体系，经历了两批试点城市对评价指标与评价体系的探索后，2006年形成了《城市土地集约利用潜力评价技术规程（试行）》。同年，开始聚焦开发区评价的特殊需求，在全国14个城市开展试点工作，建立起相应的技术路径。在宏观背景的带动下，土地节约集约利用评价开始走向定量化，一系列评价规程相继颁布（图8.3）。主要包括2008年的《建设用地节约集约利用评价规程》、2010年的《开发区土地节约集约利用评价规程（试行）》、2014年的《城市建设用地节约集约利用评价操作

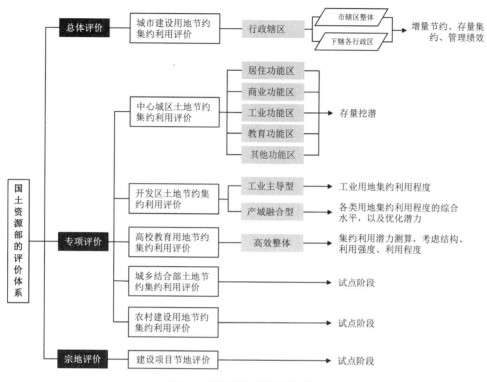

图 8.3 国土资源部的评价体系

手册》和《开发区土地节约集约利用评价规程（2014 年度试行）》。

　　此外，随着高等教育用地出现越来越多的问题，国土资源部 2011 年选取了 6 所高校开始试点高校教育用地集约利用评价的研究，并颁布了《高校教育用地集约利用评价规程（试行）》。2012 年，第二批试点城市启动探索，推动我国初步搭建起了高校教育用地评价体系。同时，相关工作也开始注意到农村建设用地的粗放问题，以及城乡接合部面临的城市扩张挑战，正逐步通过试点的形式，开展相关的节约集约评价方法。同时，以建设项目为对象的微观节地评价操作规范和技术标准也正酝酿出台。至此，国家层面的土地节约集约利用评价工作以国土资源部为主导单位，初步建立起了多尺度、多需求、广范围的评价体系。具体来说，尺度上逐渐从宏观走向中观和微观；对象上逐步由广义建设用地延伸到具体用地类型，包括开发区土地与高校教育用地；范围上开始有意识地覆盖行政边界内的多元空间，包括城乡接合部、农村地区。

2. 武汉市的创新评价体系

　　武汉市的土地节约集约利用评价创新主要是在国土资源部的整体框架下，进行细化。总体评价层面，构建起"市—区"两级的评价空间单元。同时，在市域总体评价中，加入与国内同类城市的对比评价，为科学制定城市总体土地利用方针和战略提供依据。对下辖行政区，既开展普适性评价，也进行针对性评价；前者以国家现有《规程》为指导，旨在揭示城市内部的区域差异；而后者通过特色化评价，以聚焦个性化问题、提出针对性策略为目标，根据各行政区内建设用地的发展情况，分为存量挖潜型中心城区、存量增量并存型中心城区、远郊区三类地区开展特色化评价。专项评价层面，多维度地选择评价单元。首先，有按照城镇化水平划分的城市圈层，包括"建成区—城乡接合部—外围农村"；其次，有聚焦特定功能区的分类评价，主要是中央商务区、工业园区、文化创意区、大学城等；最后，还有针对专项用地的评价，涉及高等院校、规模以上企业、城中村等。相对于国家构建的"中心城区—城乡接合部—高效教育用地"专项评价体系，形成了空间上更全面、功能上更综合、类别上更丰富的评价体系，有利于细化、明确土地节约集约利用的重点问题。宗地评价层面，基本采用的是"由面及点"的思路。首先，对区级行政区范围内的所有宗地进行集约利用评价和潜力测算，为区级管理部门聚焦具有更新改造潜力的地块，并实现对土地利用效率的动态监管。其次，以单块宗地为对象的评价工作，主要开展宗地综合利用效益评价和规划方案批前节地评价（图 8.4）。

『规土融合』——从技术创新走向制度创新

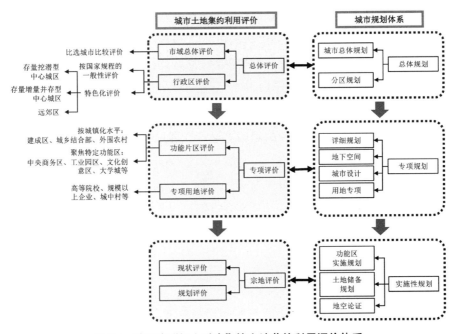

图 8.4　武汉市"规土融合"的土地节约利用评价体系

此外，着力增强与城市规划体系的衔接与层次对应关系。在城市规划"总体规划—专项规划—实施性规划"的三级体系内，以总体评价对接总体规划，以专项评价对接专项规划，以宗地评价对接实施性规划。同时，将城市建设用地现状评价扩展到"现状—规划"评价体系，以提高规划的科学性与合理性。并制成动态更新评价体系的建立，以便实现集约利用状况的动态监管，为引导土地集约利用提供依据。

8.2.3 革新评价技术方法

1. 整合地类

长期以来，城规用地分类与土地利用现状分类标准采用的是两套标准。城规地类划分主要依据实际用途，而土地利用现状分类主要依据权属。为了解决这一难题，武汉市通过建立分类对照表实现二者的融合，即在地籍的基础上再按照实际用途细分，使得地块的地籍现状与城市规划用地现状的权属和用途相匹配，建立起可共享的现状数据库。在宗地评价中，按照国土部的要求应以地籍调查为基础，但为保证结论的可实施性，用地划分还需要与城市规划相结合，因此武汉市参照《规程》所定地类参考标准，构建起了"规土融合"的宗地分类体系。

2. 划定空间范围与评价单元

国土资源部所开展的城市建成区土地集约利用评价，针对的主要是中心城区规划范围内的现状建设用地，并根据土地使用功能、基准地价、未来土地利用条件等因素划分为居住、工业、商业、行政办公、教育和特别用地共6类功能区开展评价。这种分区方法，未能较好地衔接规划用途、规划功能与规划分区，因而难以促进评价成果在规划中的应用。武汉市在开展建成区土地集约利用评价时，在充分考虑现状条件与规划条件的基础上进行功能区划分。主要包括，现状地价水平、现状用地强度、现状用地性质、规划用地性质、规划用地强度。具体操作中，在城市规划图和土地利用现状图两层底图上均先剔除未评价区域，形成城市规划用地图斑和参评区域。进而在城市规划图斑上，依据国家标准将各类图斑按照功能区归类，并叠加上强度分区规划，居住规划图斑再与人口布局规划相叠加，最终形成规划功能分区图。同时，对于土地利用现状图按照国家标准进行归并，以道路为主要界限，并参考商业、住宅、工业用地级别线，形成城市用地区片。此后，将规划功能分区图与城市用地区片图进行叠加，通过部分合理微调，形成最初的功能区划分方案。此后，需进一步与街道（建制镇）区划界限叠加，进行功能区细化，方形成最终分区方案。

开展城乡接合部专项评价时，对城乡接合部范围的确定先是依据住房和城乡建设部提出的相关概念，选取既是城市规划范围内又是未来城市建设扩展重点区域的大致范围。再综合考虑建设用地比例、农用地比例、景观多样性等因素初步划定城乡接合部的内外边界。最后，将初步划定的内外边界与城市规划边界叠加，选取二者重合的区域，即为城乡接合部评价范围。划定范围后，对内部评价单元的确定，武汉市的做法不同于以乡镇为评价单元的一般做法，其采用了规划管理单元和规划地块作为评价单元。一方面，可保持评价单元的稳定性，免受这一区域土地利用较剧烈变化的影响；另一方面，也能直接应用于规划的实施。

3. 构建指标体系

目前的土地节约集约利用评价主要是一项自上而下的工作，采用了国家统一的评价标准，不仅难以反映地方特色也无法响应各地不同的土地集约利用需求。武汉市在构建评价指标体系的过程中，在原有规程的基础上增设特色指标，由此实现对地方开展有针对性、目标性的评价工作。

总体评价中，对三类行政区单独评价时构建的指标体系，均加入了社会经济发展需求与目标等相关因素，而这部分影响因素的选取需充分结合城市规划的编制目标及其对区域的发展定位。例如，存量挖潜型中心城区的规划使命主要在于盘活存量，因此评价指标体系重视土地利用效益的提升问题以及地下空间的开发潜力等。而对于存量增量并存型的中心城区，规划主要任务除了挖掘存量潜力外，也需要考虑合理扩张。因此，需要充分衡量扩张的必要性，而加入了规划和现状用途一致性面积比率、土地建成率等指标考核现状的土地利用效率。此外，为协调好建设用地在城乡之间的合理配置，加入了对农村建设用地的考核指标。

专项评价中，对建成区内的评价指标充分结合规划要求，增加如地下空间、停车位配比、绿地率等指标加以反映规划节约集约的指标。对城乡接合部的评价指标中，总体评价里通过现状与规划用途一致性比率来衡量存量建设用地的潜力。功能区评价里加入了对布局合理性的考量，结合了区位潜力、土地价值潜力、社会—经济—生态效益等与规划密切相关的指标。地块评价中，在规划地块的基础上计算各地块的集约利用潜力，引入的强度潜力（容积率）、土地价值潜力等都需要充分结合城市规划的目标加以确定。而农村建设用地评价中，就是从规划、建设强度、基础设施完备度、人口承载等方面构建起的评价指标体系，与规划的结合直接体现在"规划目标实现度"指标上。

宗地评价中，与建成区评价类似，在指标体系中加入了生活服务设施完备度、停车位配比、绿地率等指标。对具体类别又有相应的调整，例如对工业用地加入了产业集聚度、产业相关性两项与规划密切相关的指标。

4. 确定理想值

现行的评价指标理想值确定方法主要单一从土地利用角度进行确定。武汉市在各层级的评价中，均充分采用了因地制宜、因时制宜的原则确定理想值。总体评价中，市域整体评价以比选城市为标杆，而选取比选城市时充分考虑了城市的目标定位、人口规模、经济社会发展水平和区位条件，保持可比性的前提下，也为武汉市切实找到了土地节约集约利用中存在的问题与差距，且在明确发展方向的同时提供了借鉴案例。而在区域用地状况的评价时，分为中心城区与远郊区来确定评价指标理想值，理想值的确定依据主要是武汉市的土地利用总体规划、十二五规划及部分相关政策要求。而在单一行政区评价中，理想值的确定一方面结合各区具体的发展目标实现程度，来明确重点问题；另一方面，通过选取对比城市中交通区位、功能、土地利用结构、资源优势相当的行政区情况为理想值，来确定目标与方向。

专项评价中，建成区内各功能区的理想值确定是以城市规划为依据，根据城市规划分区确定的。例如，容积率、建筑密度等指标，可直接依据控规确定的规划强度标准，而人口密度的理想值，参考分区组团人口和居住用地面积，产业用地地均就业人口及地均产值结合产业空间布局规划的具体指导。

宗地评价中，理想值的确定更是充分结合城市规划中确定的相关目标。例如，居住用地评价中，人口密度参考城市总体规划和控制性详细规划，基础设施完备度、生活服务设施完备度、生活服务设施完备度结合控规进行土地定级单元的重新计算。工业用地评价中，产业布局是否合理的依据亦是产业园区规划。

5. 潜力测算方法

现行的潜力测算主要是土地的规模潜力和经济潜力，且二者均以容积率提高而产生潜力空间为前提。这种方法容易导致忽略过度利用的空间，以及基于产出效益提升而释放潜力的那部分土地。武汉市的实践中，对城市内各功能区开展覆盖式评价。同时，考虑各区域的集约利用评价结果与规模潜力分区结果，二者分别代表着现状利用程度和潜力大小，通过二者的错位匹配明确具体区域的潜力类型。例如，集约评价中"中、低度利用区"和潜力测算中"高、中潜力区"为开发强度挖潜型；集约评价中"中、低度利用区"和潜力测算中"低、无潜力区"

为效益挖潜型；集约评价中"集约、过度利用区"和潜力测算中"高、中潜力区"为改拆挖潜型；集约评价中"集约、过度利用区"和潜力测算中"低、无潜力区"为无潜力挖潜型，主要引导该区域进行功能疏解。在上述基础上结合规划目标要求，增加区位潜力、人口承载潜力、生态效益潜力、土地价值潜力等多种潜力，为潜力挖掘提供多维度的参考（图8.5）。在农村建设用地的潜力评价中，则主要将农村分为整理搬迁型和中心村改造型两类，分别采取不同的潜力测算办法。前者以人均农村居民点建设用地与本地区规定的人均农村居民点建设用地标准差值来指征潜力，后者则通过调查区域内典型样点农村居民点内部的闲置土地面积来获取土地闲置率，并指征潜力。

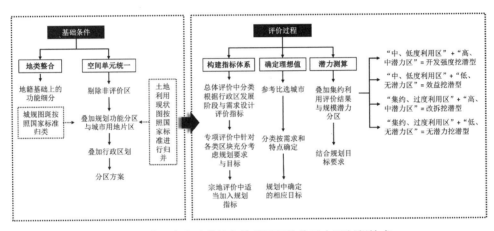

图8.5 武汉市土地节约集约利用评价体系主要创新技术

8.2.4 促进评价成果应用

1. 指导规划编制

三个层次的评价工作，因评价目标不同，将对编制规划提供不同维度的参考意义。首先，在总体评价层面，聚焦评价所发现的土地利用核心问题，以解决问题为目标，提出促进产业升级、引导人口分流、拓展城市空间、优化生态环境等规划策略，实现总体评价结果对规划目标的优化。其次，在专项评价层面，针对不同区位或不同类别用地的评价所揭示的特点或需求，引导形成分类别的规划控制指标，尤其是对实施性规划和控制性详细规划有较大的参考意义。最后，在宗地评价层面，根据经济测算提供的具体结果，既能合理确定开发间距、高度、地下空间利用等强度指标，又能实现对宗地开发方案的动态监管，确保规划方案的有效落实（图8.6）。

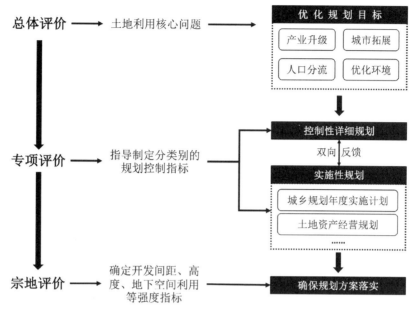

图 8.6 武汉市土地节约集约利用评价体系对规划编制的指导作用

此外，具体到对土地集约利用的引导，实质上属于实施性规划的重要环节。通过编制近期建设规划，或产业、交通、用地等专项规划，落实宏观层面的战略要求，也约束地块的实际开发利用结果。因此，基于"规土融合"的土地节约集约利用评价通过整合土地经济分析与空间分析，能对既有的法定规划指导各功能区实施性规划编制，并有助于制订年度实施计划和土地资产经营规划，同时也向上位控制性规划形成反馈机制。同时，宗地层面的集约利用评价，通过对宗地地块的开发方式、投资效率等进行规划分析，促进了具体项目的切实开展。因此，土地节约集约利用评价与城乡规划的良性互动，建立贯穿规划全过程的统一价值理念基础上，既具有一定的战略性，也具有很强的实施性。

具体来说，充分集合土地节约集约利用评价体系的规划，改变了传统规划以上位规划、政府意愿为基础确定发展目标的路径。结合土地节约集约利用总体评价结果，同时明确人口目标、空间目标、产业发展目标、三旧改造目标、地下空间目标等各项子目标，从承载力出发反推合理的发展规模。以人口规模预测为例，首先明确在集约发展的前提下，区域所能承载的经济产出，再通过设置合理的人均 GDP 水平，将二者相除得到城市人口规模。当然，这种方法主要是提供了一个视角来认识区域土地对未来人口的承载潜力，预测结果还需要与多种预测方案进行对比分析，才能确定较合理的结果。

2. 引导政策制定

城市规划的实施结果缺少一定的强有力的考核机制，而使得很长一段时间内发生"规划失效"的问题，即使设立了土地利用总体规划进行制约，也因多方面原因并未对规划的执行者发挥切实的约束力。通过土地节约集约利用评价结果，可以反映地区建设用地对人口、经济活动的实际承载水平与变化趋势，以及土地利用过程中的实际问题，因而可以作为考核城市规划执行情况的重要参考。将总体评价与政府考核制度相挂钩，能够较好地引导规划执行者科学合理地使用土地。

但需要意识到，规划的失效某种意义上也是自身方案可实施性不足问题所导致的，而造成可实施性弱的原因很大程度上与规划方案编制的科学合理性密切相关。土地集约利用评价首先能通过明确量化指标，转化为切实可循的管理标准，为规划执行、管理过程提供依据。其次，基于对精确现状、规划目标与发展趋势的综合考虑，土地节约集约利用评价所提供的潜力结果具有更强的指导意义，可用于指导形成建设强度分区标准等建设行为指引。

除了对土地开发建设行为的引导与管理，土地节约集约利用结果还有助于掌握具有再开发潜力的土地数量、类型、分布情况以及潜力领域，能为土地供需关系提供参考。因此，可以为政府调控土地市场提供重要参考，促进土地储备制度的革新，更好地管理土地资源价值。

3. 支撑信息平台搭建

武汉市结合市—区两级管理特征，搭建了武汉市建设用地节约集约利用评价系统和区级土地资源利用动态查询和管理系统。通过评价与规划技术的相互耦合，实现对来源、属性、空间尺度差异的相关数据综合采集、规范处理与集成。将原先分散于国土、规划、建设、统计、经信、税务、教育等多个部门的相关信息，以宗地为载体进行集成，并嵌入所需要的分析功能，形成城市规划、地籍管理、信息更新、经济测算等多功能大数据平台。就建设用地节约集约利用评价系统而言，以国家相关标准、规程为依据，以武汉市宗地具体利用情况的相关信息、数据为基础，以空间分析、对接规划为目标，极大地提高了土地基础信息调查和集成效率，并同步实现测算过程自动化和成果表达可视化。

8.2.5 核心理念

1. 应用导向

武汉市在革新土地节约集约利用评价体系的过程中，以评价成果应用于规划目标，致力于构建能更好地服务于城市规划、促进规划有效实施的评价体系。不仅将评价体系与城市规划体系分层次建立对应关系，还将规划的目标与要求贯彻在评价的全过程中，实现对指标体系的丰富、对指标理想值的修正以及对潜力测算方法的创新。此外，在技术层面也开展了一系列协调工作，包括地籍单元与用途单元的匹配、功能分区结果的协调、空间结构的统一等。由此，确保评价标准与规划价值准则一致，评价结果规划可用。除了打通二者的沟通渠道，武汉市还在应用层面有一定的创新举措。一是从规划管控政策入手，提出应对不同层次的节约集约利用评价政策引导；二是从辅助决策入手，创立了基于土地节约集约的土地利用规划优化信息平台，为城市土地利用优化构建了辅助决策知识系统。有效实现了事前规划、事中控制、事后反馈修正的全过程评价应用体系（陈韦、洪旗、陈华飞等，2016）。

2. 过程监管

规划过程，其实应当包括编制、实施、效果三个主要阶段。首先，对规划编制的监管，体现在引导科学、合理规划方案的形成。结合现状评价结果，是发现城市内部差异化问题，同时聚焦空间利用核心矛盾的重要参考。在问题导向原则下，可在一定程度上确保新一轮城市规划有的放矢地进行修编。不仅如此，总体评价层面对于发展目标的设置也有较强的借鉴意义，以国内发展目标类似的先进经验为标杆，确保城市规划编制的前瞻性。其次，对实施过程的监管，需要对正在实施中的规划进行监督，及时修正规划实施中出现的问题（沈山等，2012）。通过宗地评价技术，配合实施性规划的具体操作，以及信息平台的实时更新。一方面，掌握了具体落地项目的节地程度，可定向引导土地集约利用；另一方面，用地批后监管力度得到大幅度提升，可实现对城市土地资产运营效率的保障，上下联动地落实规划要求，并及时解决矛盾事件与违规行为。最后，对实施效果的监管，技术环节上与下一轮规划编制过程有所交叉，管理层面上需要形成一定的奖惩机制。通过节约集约利用评价的一系列定量结果，并与政府考核制度挂钩，便能在一定程度上成为奖惩依据。

3. 因地制宜

一方面，评价体系的创新过程充分体现了因地制宜的思想，包括对不同需求地区构建差异化指标体系、设置不同的理想值，针对不同类型地区分别设计特色评价方法技术；另一方面，评价结果本身便能指征城市内部土地利用特征的分异，引导城市规划编制出科学合理、可实施性强的方案。因地制宜，意味着相关工作需要实现精细化，但同时也能过滤掉一些不必要的过程与问题从而提升效率。例如，对存量挖潜性中心城区侧重关注土地利用效率，而存量与增量并存型中心城区则需要兼顾用地增长与社会经济发展的匹配程度。又如，通过创新潜力评估方法，分维度得到更明确的更新改造方向，如恢复生态、疏解人口、产业转型等。虽然需要依托更庞大、细致的基础数据库，但正所谓"磨刀不误砍柴工"，这是推动"多规合一"的重要基础工作，也是解决现状规划体系内部矛盾的必要过程。

4. 空间治理

我国的城乡规划，已经在学理上和法理上被确立为一项公共政策（石楠，2004、2005），因为城乡规划是协调社会不同利益的一种工具，其目标就在于实现公共利益的最大化，公共利益应该始终是规划师的基本价值观的核心内容（石楠，2004）。城乡规划本质上是一个空间治理过程，即分配和协调空间资源的使用和收益，必须兼顾政府、市场和社会多元权利主体的利益诉求，并协调公共利益、部门利益和私有利益，同时统筹政治、经济、社会、生态、技术等多重关系（张京祥、陈浩，2014）。此前的城乡规划重视方案整体看起来功能协调、布局均衡，但对于叠加上行政边界、产权边界后的可操作性考虑较少，对相关权利人的行为边界也不明确，增大了基层政府执行规划的难度。武汉市"规土融合"的用地节约集约利用评价，不仅充分考虑了城市内部空间高度分化、利益多元、价值分异的现实情况，建立多层次、多维度的评价体系，基于空间的使用效率或效益指导空间资源配置。技术层面，为了对接土地管理与城乡规划，对规划管理单元和地籍单元进行对应协调，配合相应信息平台的集成功能，为各部门统一管理、沟通工作提供了方便，也增加了规划的可实施性与可控性。此外，基于宗地尺度的评价工作，促进形成了贯穿建设资源保障、内部效率提升、规划批前管控、动态监管方面的精细化管理模式，也与空间治理的理念相一致（图8.7）。

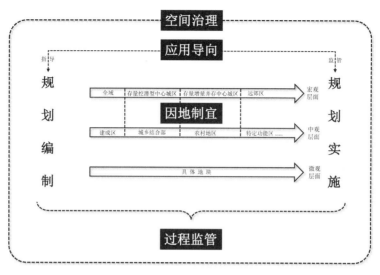

图 8.7　武汉市建设用地节约集约利用评价体系创新的核心理念示意图

8.3　对促进城乡规划转型的积极意义

8.3.1　顺应存量规划趋势

随着我国进入新的发展阶段，许多发达地区逐渐步入存量规划时代。存量规划关注存量用地管理，但并不意味着其以提高土地利用效益为唯一目标。其核心目标亦是打造一个优质高效，且能支撑经济增长、民生福利改善、生态环境优化的城市空间。从该目标出发，其与增量规划是殊途同归的。就目前国情来看，国内大部分城市仍处在以增量规划为主的阶段，或进入增量与存量并重的过渡阶段。因此，注重增量与存量的配合、协同是该阶段的工作重点，即需要清晰判断需求，并统筹把握更新潜力与储备。武汉市在相关创新实践中，对城市内部空间根据增量与存量关系细化分区，并在协调二者的前提下制定对应的评价技术体系，为相关规划提供了重要依据（邹兵，2015）。

此外，根据实践经验，用地功能的转换和开发强度的调整是获取空间增值收益的主要途径。因此，存量规划对空间的设计是难以脱离产权交易环节的，而武汉市在宗地层面的评价技术，能在明晰产权、明确交易成本方面有很大的推动作用。加上存量规划时代，用地总量控制思路将逐渐转变为建设总量控制，并尝试利用用地结构倒逼经济转型，需要在总体层次及分区层面分别对建设强度有一定的控制，也需要更多地关注对用地结构的调整，防止建设总量失控和功能结构失衡。武汉市基于功能区评价形成的建设强度分区标准，基于扎实的土地利用效益分析，同时也与现有控规确定的强度相对接，弥补了原先缺乏对可改造用地实际建设状况评判的问题，增加了标准的可实施性，在相关实践创新方面已奠定良好基础。

8.3.2 引导规划集约用地

土地的节约集约利用已经成为各空间规划的基本共识与出发点，将节约集约用地与规划融合是有必要的。《城乡规划法》指出，制定和实施城乡规划，应当遵循城乡统筹、合理布局、节约用地、集约发展和先规划后建设的原则。此外，国务院在《关于节约集约用地的通知（2008年）》中强调，应按照节约集约用地原则，审查调整各类规划和用地标准，从严控制城市用地规模，严格土地使用标准。因此，以评价为基础的土地集约利用最为直接的应用体现在规划编制过程中。例如，确定城市用地的扩张规模时，可以参考城市总体集约利用水平评价结果，测算城市在当前经济、社会条件下的理论潜力大小，通过比较用地需求与挖潜能力，科学推断城市今后的新增建设用地的合理规模甚至范围。直观反映各个城市集约利用水平的相对高低，为各级规划编制提供科学依据。

以"规土协调"为理念，使得能够定性与定量反映土地利用效率和利用潜力的土地集约利用评价与规划编制结合，基于集约利用理念来编制规划，形成以评价促规划、评价与规划结合的互动关系。具体来说，总体评价可与规划目标对接以及与区域内各体系总体发展导向对接。中观层面功能区评价可与功能区规划对接，宗地评价与地块改造对接。通过规划、土地在宏观、中观、微观层面的充分融合编制用地规划优化方案，促使规划成果更加科学合理，并具有可操作性，同时也真正解决城市各层面的土地利用问题。

8.3.3 支持公共政策显化

城市规划是政府在城市发展建设和管理领域的公共政策，它为城市的发展提供目标，为实现这一目标提供不同的途径，协调城市发展过程中的各种矛盾，并对具体的建设行为进行管理和规范，其目的在于追求公共利益的最大化（石楠，2004、2005）。作为一项公共政策，城市规划首先需要以公共利益为核心。在"规土融合"的用地节约集约利用评价体系中，改变了原先规划依据中上位规划及地方政府意愿影响太深的问题。充分结合土地利用的实际需求与目标，并在目标设置中全面考虑社会效益、生态效益、政府管理需求等，体现了对多元利益主体的利益诉求的兼顾。其次，公共政策需要一定的实施手段将理想变为现实，对于城市规划而言，实施公共政策的最有效途径是编制有法定效力的操作性规划。目前的城乡规划体系虽然在控规、近期建设规划等方面都能发挥一定的行为指引作用，但其存在现状调查不清、经济分析缺失或测算不准等问题，仍然存在一定局限性。加上其属于对总体规划在实施层面的细化，本质上是"自上而下"的产物，并非"自下而上"地以地块开发的实际需求和问题为出发点，也在一定程度上削弱了其可操作性。武汉市的相关实践，尤其对独立宗地的评价，能切实评估宗地改造的经济可行性，提供土地资产运用的依据，同时确保运营的有效且高效地开展。最后，公共政策需要依托一定的管理—评估—监测环节来确保落实。武汉市的相关实践，多层次地与规划体系建立联系，并全方位地与规划环节建立互动机制，加上信息平台的支撑作用，能为各级规划的多个环节提供土地管理层面的建议与意见，并根据用地情况及时反馈规划落实效果，减少规划调整的各项成本（冯健、刘玉，2008）。

8.4 不足与展望

武汉市基于"规土融合"的土地节约集约创新评价体系，出发点是为了适应特大城市的发展需求。对于大部分中小城市而言，土地节约集约利用同样至关重要，但其关注点不尽相同，并且某些创新环节可能也缺乏可行性。具体来说，武汉市现有的评价体系更侧重于土地利用的集约评价，这是因为特大城市基本已步入存量发展时代。但中小城市所处的发展阶段往往面临着增量与存量并重的局面，由于尚有较充足的增量储备，如何确保存量高效的同时理性增长的问题更为复杂。还需要探讨存量潜力在土地供给中充当的角色，甚至是将潜力换算出可替代增量规模的方法。换言之，土地利用的节约评价与集约评价如何挂钩仍有待更系统的思考与创新。此外，中小城市的行政单元架构可能层次更多，规划覆盖也未必全面，因而在建城区以外的区域内以规划单元为评价单元不一定都能落实。当然，武汉市的实践中细致地考虑了不同发展阶段区域的需求特征，因此远郊区、存量与增量并存型中心城区、农村地区、宗地节地评价等方面的创新仍然具有较强的示范意义，尤其是其创新的核心理念与思路也具有较大的推广价值。

此外，就特大城市的发展趋势来看，资源配置的区域化未得到较好地体现。

简言之，特大城市的发展腹地是区域化的，通常形成城市群或都市圈的空间形态。虽然很多现实问题决定了在区域内进行土地资源配置仍言之尚早，但区域经济格局还是会深刻影响城市土地的功能结构。例如，特大城市由于发挥着区域经济中心的作用，可能需要将更多土地投入高附加值的产业生产，而由经济发展潜力较弱的邻近地区承担更多的是生态职能或基础性生产，由此保障大区域整体的生态平衡与经济高效；因此，用地结构合理性应当置于更大的、基于密切经济联系的空间范围内来综合衡量。

最后，集中攻克的为土地利用评价体系与城市规划体系的衔接与协调问题，如何更好地发挥桥梁作用，联系城规与土规讨论得不多。两规的矛盾更多地集中在微观操作层面，虽然土规体系原先缺乏精细型的操作层次，但并不建议其对城市空间形成太过具体的建设指引，还是应当更多地发挥宏观统筹作用，同时严格落实底线区域的保护工作。而监管城规实施过程的责任，则可借助土地节约集约利用评价体系实现，然后通过建立评价结果与相关管理部门的反馈机制，实现部门联动、精确有效的良好监管。此外，土规原先自上而下确定供给规模的方法其弊端是显著的，但通过获取微观层面与城规要求充分结合后的评价结果，可以为土规设置规模提供更切合地方实际需求的参考。

8.5 本章小结

武汉市的土地节约集约利用创新评价体系，核心创新点是与城乡规划体系充分建立起良好联系，不仅做到技术对接、体系对应，还将规划需求与要求贯彻到评价的全过程中，包括评价单元划分、指标体系构建、理想值确定和潜力测算。从而促进评价结果全面参与城乡规划的编制、实施与效果评估，还借助建立信息集成共享平台发挥良好的监管作用，极大地增强了城乡规划的科学性、可操作性和可控性。通过这种互补与互动，促使城乡规划加快转型以及更理性地发展，因此也多维度地减弱了与土规的矛盾。这样一来，不仅有利于加速两规的协调进程，还在土地管理与空间规划协调过程中，实践了两规协调向"规土融合"的外延发展。然而，相关经验的推广，还需要更全面、更深入的补充思考，例如对区域格局的适度考虑、针对中小城市需求的改革。同时，也应当着力研究对土规的反馈机制，成为沟通两规更好的桥梁和现有规划体系的有益补充。

第九章 "规土融合"发展趋势及
制度创新需求与途径

结合前文的分析，可以发现历史时期"规土"关系的演变，包括二者核心矛盾的形成，与宏观政治经济背景有着密切的关系，主要包括城镇化战略、行政管理体制、土地制度等方面。在对"规土融合"发展的历史过程形成基本认识后，本章借鉴历史演进中政治经济因素的作用机制，结合我国宏观政治经济环境的发展趋势，以及国外发展中的有益经验，对长期以来"规土融合"的制度创新需求及未来的制度创新途径开展分析。

9.1 政策与制度变革背景下"规土融合"发展趋势

9.1.1 新型城镇化

2014 年出台的《国家新型城镇化规划》标志着我国城镇化进程进入了新的轨道，关注对象、核心标准、动力机制、发展路径、社会效应和空间布局思维均有了不同程度的转变。如前文分析中提及的，国家城镇化战略会深刻影响空间规划的价值取向，新型城镇化规划不仅为空间规划的转型指出了方向，更直接提出了"多规合一"的要求，规划体系的创新重构正式被提上国家议程。因此，新型城镇化所引导的新阶段发展观，决定"规—土"必须走融合发展道路，并且不是简单的技术协调，而需要整合形成综合价值体系引导下的统一系统，主要表现在以下三个方面：

（1）转增量型增长为存量型增长。城乡规划早期的扩张思路体现的多是增量型增长思路，然而这种增长不是一种理性增长，成为我国土地空间利用粗放问题背后的直接推动力之一。新型城镇化致力于改变这种主导范式，提出了"控制增量、盘活存量、优化结构与提升品质"的新思路。因此，城乡规划未来的增长思路中将有很大一部分转向挖潜，从而减少与土规在思想理念上的差异，共同朝着节约集约用地的目标努力。此外，存量挖潜路径中包含着对发展环境的重新审视，对发展历史现状的理性认识，对开发利用目标的重新定位，以及对重新开发条件的客观评价，可能引导规划工作方法从粗线条式向精细化研究转变（赵佩佩等，2014）。这需要"规土"各自内涵的延伸，强化在微观层面的互动。

（2）城乡统筹。城乡统筹的目的在于实现要素流动的自由化，决定了市场在未来的城市开发建设中将发挥更主导的动力作用。这将在很大程度上改善土规计划管控思路下刚性过强的问题，引导其朝着更具弹性的管理模式变革，从而与城乡规划实现更有效的互动。此外，在城乡统筹思路下，直接改变了原先农村的弱势地位，最直接的就是提高了征地的成本，缩小了土地出让的收益空间，从而逐渐改变城乡规划中土地粗放浪费、牺牲生态的利用模式。城乡统筹中，还直接提出了在空间规划领域的统筹，由于小城镇地区属于我国新型城镇化未来的活力区域，因此在迎来大规模开发建设行为之际，更需要首先树立"规土融合"的综合理念，做好保护与发展的协调。此外，由于小城镇地区面临更多非建设用地用途变更的问题，在"规""土"原先的技术体系下仍具有诸多矛盾，存在较大的创新空间。

（3）多元综合价值观。新型城镇化之所以新，在于其构建了多元的综合机制，包括以人为本、生态文明、市场主导、政府引导等。这同时引导了空间规划多元综合发展的价值取向，原先以经济增长为基础的路径逐渐走向统筹经济、社会、环境均衡的科学发展路径。"规""土"之间的规划目标在各自的发展中获得越来越多的交集。

9.1.2 土地制度改革

我国现阶段的土地制度改革重点在于农村地区，核心内容在于"建立城乡统一的建设用地市场"，将直接改变我国土地资源配置方式。原先城市政府垄断了土地一级市场，存在土地增值收益全归城市政府所有的问题，加上征地制度的不完善，直接扭曲了我国土地市场的供求关系。在土地制度改革进程中，将深刻影响我国空间规划的编制逻辑，主要体现在以下三方面：

（1）改变城市政府与市场的关系。农村经营性建设用地投入市场后，市场将发挥更大的指导作用，减少城市政府在土地供应端的介入。一方面，土规的调控作用应当更多地指向对市场行为的约束，发挥城市政府在这中间的资源管理职能；另一方面，城规的用地需求减少了城市政府主观判断的成分，工具理性的依据向市场需求靠拢。由此，城规与土规在土地供求关系中原本发挥的决策者角色，将逐渐转向管理者，减少二者矛盾的同时，也决定二者必须融合才能对市场发挥更好的监管作用。

（2）征地制度的规范完善。我国的征地制度形成于计划经济时期，对当时的国民经济发展起到了积极作用（张垒磊，2017）。在原有土地制度下，征地的依据是"土地用于公益性用途"，这一难以界定的标准为许多政府"积极"征地的行为提供了便利。随着集体建设用地入市，必将伴随着征地制度的改革。除了将对允许征地的条件范围进行缩小与明确界定外，还将规范征地程序，尤其在强化被征地农民话语权部分（刘守英，2014）。由此，政府的征地行为能得到很大程度的约束与规范，有效控制地方政府土地财政的迷失，不仅缓和了土规和城规的矛盾，也使得二者的发展目标更为一致。

（3）农村土地权益的明晰。土地制度改革的最终目的是要通过对农民土地的更充分赋权，增加农民的土地财产权利。经济权益的明晰，必将伴随着农民话语权的提升，从而规范土地城乡流转活动。随着农民对集体用地拥有愈发自由的经营权利，一方面有助于农用地规模化生产，改善农用地整体保护的可操作性；另一方面有助于建立宅基地退出机制，助力实现人口城镇化与土地城镇化相适度。

9.1.3 行政管理体制改革

我国城乡规划界在20世纪90年代末便引入了"治理"的概念，并在一系列创新研究的基础上初步促使城乡规划完成了由一种技术工具向一项公共政策的转型（张京祥，2014；吕华明，2017；魏立华、梁秋燕，2017）。然而，这仅限于法理层面的认识，在实践诸方面仍囿于传统模式。土地利用规划也存在类似的问题，且因为其原本"自上而下"的运行机制就带有强烈的计划管控色彩，改革难度更艰巨。从上文的分析中可以发现，我国空间规划的运行受政府行政管理体制影响深刻，在客观行政管理架构维持现状的前提下，要使空间规划行为真正转型为空间治理模式是不可能的。2013年，十八届三中全会开启了我国全面深化改革的序幕，行政管理体制作为政治体制的重要组成部分，是改革的重要内容，根据《中共中央关于全面深化改革若干重大问题的决定》，改革目标可以归纳为"治理能力现代化"。治理理念的提出，标志着我国未来行政管理体制将形成一种"由政府、市场、社会组织相互合作、多元协作"的模式（吴缚龙，2002），空间规划的公共政策转型理念亦将开始植入实践改革。

在 2018 年 3 月之前，根据当时行政管理体制优化的主要思路，可以洞见空间规划领域三个改革维度，可能为新时期"规土融合"的发展提供更大的平台与支撑。

（1）政府行政过程的优化，从削减审批权入手。一方面，这意味着空间规划决策权的转移，市场机制被赋予了更多的自由，同时私人投资开发商与公众的权利也得到拓展和激发，将加速空间规划公共参与机制的成熟完善，缓和"规—土"的决策机制矛盾；另一方面，放权的同时意味着政府应当强化过程管理的能力，因此"规—土"的决策矛盾可能转变为管理程序的冲突，这可以借鉴武汉市的做法，将地方部门进行合并，实现外部程序内部化便能较好地解决。

（2）宏观层面仍由政府调控，微观事务为放权重点。精细型、操作性强的规划作为空间资源配置工作中最微观的环节，将与市场形成更紧密的互动关系，而土地价值作为空间价值最原始的组成，将在其中发挥重要的指导作用，这需要"规土融合"将土规的内涵进行外延，并与土地资产经营理念相结合。

（3）优化政府职能配置，可能进行部门调整。能带来重新梳理空间规划相关部门权责关系重新梳理的机遇，可能对地方部门对土地利用规划"责大于权"的局面形成改善，通过重新权衡权责关系，树立土规应有的约束性与权威性，增强城规的监管机制。

2018 年 3 月，国务院的行政机构调整方案出台，在国土资源部的基础上组建自然资源部，将原对口于国家发展和改革委员会的主体功能区划的职责以及对口于住房和城乡建设部的城乡规划职责并入自然资源部，再加上原国土资源部的土地利用规划职能，从国家部委的层面为"规土融合"及"多规合一"扫除了行政管理体制的障碍。紧接着，各地国土资源局和城市规划局纷纷合并，成立自然资源与规划局，表明前述第三个维度的平台已经实现，国家部委之间的以及地方部门之间的"事权"关系也得到调整，"规土关系"将在国土空间规划的框架下进行新的统筹，未来的"规土"在国土空间规划中更多的是面临两种规划思维与技术层面的统合。

9.2 长期以来"规土融合"所面临的制度创新需求

在 2018 年 3 月，《深化党和国家机构改革方案》出台，国家行政机构调整拉开序幕。"规土融合"尽管已经经历了长久而众多的地方实践，也取得了一定进展，但仍然面临一系的制度变革需求，需要再在制度层面上出台创新措施，以捋顺相关的体制和运行机制。在 2018 年的行政机构调整方案出台之后，相当一部分的制度层面的问题得以解决，制度创新途径与重点也发生了转变。在 9.2 节，仍然给出在 2018 年行政机构调整方案出台之前，长期以来"规土融合"所面临的制度创新需求；在 9.3 节则结合行政机构调整，对上述制度创新需求进行过滤与筛选，以进一步明确在自然资源部的管理框架下，哪些创新需求已经得到解决，以便于明确未来制度创新的途径与重点，具体内容将在 9.3 节予以探讨。

9.2.1 综合目标体系

规划目标是决定规划运行逻辑最基础、最核心的问题，我国规划体系的一系列问题产生的根本原因就在于缺乏统一的价值和目标（王向东、刘卫东，2012），"规—土"矛盾也不例外。因此，要实现二者的融合统一首先需要建立起一套综合的目标体系，除了涵盖此前两个规划体系的核心价值观，还需要融入空间规划公共政策转型后将衍生的新目标，以及考虑融合后可能产生的合力效应所赋予的新意义。综合考虑，"规—土"融合后形成的综合目标体系应当包括三个层面的内涵：

（1）在保持城市综合生态系统可持续发展的前提下，实现公众利益的最大化，追求多元利益格局的最优化，合理优化城市内部空间用地布局，打造宜居、宜业的城市。

（2）建立起城乡良好的互动渠道，使工业化和城镇化有序、高效地并行推进。

（3）实现存量开发与增量开发的合理组合，始终维持土地利用经济效益的最优模式。

9.2.2 重组运行体系

规划运行体系涉及的是规划纵向层级体系的构建（蔡玉梅、陈明、宋海荣，2014），从上到下大致可分为战略型、约束型、精细型三层，战略性规划统一指引下级规划的价值取向，次一级的约束性规划通过分设不同专题涵盖必要的领域，再次级则为各专题规划系统内部按精细程度的划分。长期以来，我国空间规划体系的一个重要问题就在于规划层级的差异性没有得到合理体现，基本体现为"中间大两头小"，缺乏统筹指导的上位规划和操作性强的精细型基层规划，热衷编制中间层级的约束型规划。因此，缺乏上位规划容易导致规划间各自为政、重复工作、内容矛盾，而缺乏精细型规划容易导致规划执行力不足或低效。此外，我国空间规划运行体系混乱还体现在纵向层级的横向分化并且相对独立。以"规土"矛盾为例，二者的运行体系是相对独立的，存在各自的层级体系，城乡规划中国家城镇体系规划、省域城镇体系规划属于战略型规划，各总体规划属于约束型规划，而详细规划则为精细型规划；相较之下，土地利用规划则是按照行政区划级别形成了自上而下的运行体系，国家级和省级的土地利用总体规划属于战略型规划，市县乡级的土地利用总体规划属于约束型规划，在精细型规划上存在一定的缺位。这当中存在三点问题：首先，指导两规的战略型规划之间是分离的，统筹层面的分化自然引导下层规划分行；其次，就总体规划层面而言，从实际内容来看，土地利用总体规划其实更类似约束型规划，而城市总体规划介于约束型与精细型规划之间，要保障土地利用总体规划发挥应有的作用其实应当设置在城规之上，然而现实中二者属于平行发展，自然容易导致土规话语权被削弱；最后，城乡规划可以通过详细规划对规划方案进行深化从而增强总规的执行力，土规缺乏下位的精细型规划也致使土规对外发挥不了约束力、对内形成不了执行力，而处在相对尴尬的位置。因此，在充分认识二者自身特征与规划核心职能的基础上，理顺二者的运行体系将是"规土融合"工作能够切实推进的基础保障。总体而言，需要做到以下三点：

（1）将"规—土"两大规划体系统筹作为空间规划体系进行运行体系重组的前提，因此首先需要选择一个战略型上位规划作为二者编制规划的统一准则，有学者建议将主体功能区规划或者正在试点编制的国土规划作为统筹二者的顶层规划，指导内容主要包括根据资源实际承载力确定空间管制界限，同时对各类管制空间确定国土综合整治或开发的重点方向（杨荫凯，2014），不失为理顺并重组"规—土"运行体系的有效途径之一。

（2）理顺土规与城规之间的关系，土规作为一个主要发挥约束作用的规划，在现阶段发展中有其存在的必要性，但为保障这一约束力的有效发挥，必须改变原先二者并行推进的模式，在法律地位上将土规置于城规之上，从而巩固土规的执行力；然而这也要求土规明确自身指导性约束型规划的定位，对空间利用行为不要形成太具体、细节的指引，主要还是发挥一种底线控制的思想给予城规在科学合理范围内相对自由的发挥空间。

（3）在基层操作层面上，现有土地利用规划的缺位以及控规自身的一些局限性，导致存在规划停留在理论层面，对实践的指导意义受限的问题；基层的规划工作其实更重要的内涵在于管理，且层层叠加下承载了最多的"上头指示"，是统筹协调工作最复杂的层面；因此这一层面的规划运行体系应当致力于构建一个综合各种公共政策的框架和载体，贯彻上层推动"规—土"合作背景下形成的发展指引，在实践层面推进"规土融合"，统一编制一个精细型规划即可（王金岩等，2008；曲卫东等，2009；武廷海，2007）；此外，该层面规划执行的难度还体现在直接参与市场行为，需要更多的制度创新来保障其建立与市场的双向互动，而武汉市推行的实施性规划在这方面可以提供较好的借鉴意义。

9.2.3 理顺权责体系

"规土融合"本质上是一种规划主体之间利益协调的过程，而各规划主体所享有的利益来自于国家行政体制赋予的权力。当然，国家在赋予权力的同时，也交付了责任，但当规划主体为了谋利而有意忽略责任的时候，便导致了一系列空间利用的负外部效应。事实上，在土规设立之时，恰是城规相关主体的权责出现一定失衡的阶段，中央政府希望通过赋予另外的主体约束城规的"权"来促使二者共同实现空间资源可持续利用的"责"。长期以来，土规的编制、实施、管理都归国土部门负责，而城规属于建设部门管辖范围，中央层面上二者的权责是明确且相对独立的。然而，在我国自上而下行政体制的权责纵向分配中，却出现了两个主体权责失衡的问题，地方层面上城规规划主体"权"大"责"小，而土规规划主体反之，由此导致"规—土"之间在一定时期内处于一种拉锯的状态。因此要实现"规土融合"的综合效益，就必须重新理顺权责体系，避免低效内耗。从现存问题的特征可以发现，未来理顺权责体系的过程中包括以下三个方面：

（1）中央层面上，其实国家赋予土规的管控力很强，应当是一个置于城规之上的约束性规划，然而国土资源部与住房和城乡建设部属于平级单位，体现的是一种横向分工逻辑，不存在纵向的权力分配；因而导致国土资源部某种意义上承担着约束住房和城乡建设部的"责"，但并不存在相应的"权"，因此在中央层面首先存在这种权责的失衡，便容易导致地方层面上土规话语权被削弱；由于国土资源部还承担着其他国土资源的保护与利用工作，而住房和城乡建设部也相应承担着不可取代的职能，有学者建议两部委共同成立规划委员会来专门负责统筹协调规划之间的编制调整事宜（王向东、刘卫东，2012），同时将规划审批的"权"交由规划委员会执行，而相关编制工作依然由两部委主导负责；由此，通过权责纵向分离发挥有效的监管作用。当然，两部委共同成立规划委员会只是方案之一，如果两部委之间进行大刀阔斧的职能调整，尽管存在协调成本高的问题，也不失为解决问题的另一种较佳方案。

（2）地方层面上，也建立起两部门联合成立的规划委员会或者与部委调整相对应的机构，来统管规划审批事宜，并由其直接与上级规划委员会或对应机构建立联系，来实现中央对地方信息的掌握。

（3）在政府体系以外，需要在市级层面成立相应的公众代表组织，参与规划编制工作的意见收集工作，行使规划审批时的话语权，同时赋予其直接向省级规划委员会检举揭发不合法行为的监督权。

9.2.4 统一技术体系

虽然空间规划正向公共政策转型，空间规划手段原本表现出的工具理性也饱受诟病，认为其沦为了利益主体谋利的合法化工具。然而，没有工具理性便要求实现所谓的价值、正义、公平只能落得"巧妇难为无米之炊"的结果（彭坤焘、赵民，2012），最后只能作为乌托邦而存在于人们的理想中。因此，规土融合后，依然需要依托一定的技术体系来勾勒理想的蓝图，并且在目标一致、运行有序、权责清晰的系统内，这种工具理性解译的价值理性其实是统一、综合的，也就不存在原先因利益博弈而引导技术体系分化的隐患。统一的技术体系，需要在统筹层面上具备一套统一的技术语言，可以实现对二者具体技术内涵的无障碍解读与对应。"规土融合"的最终目标不仅仅是城乡规划与土地利用规划的统一，而是实现空间规划与土地利用的良好互动，因此会在原先的技术体系内延伸出新的技术内涵，例如武汉实践中拟融入的地价评估、集约节约利用评价以及实施性规划中的项目发展指引等；这部分内涵的外延，本身便建立在原先两规互动的基础上，也将服务于两规发挥更好的综合效益，因此需要形成二者都能解读并利用的技术语言；同时，这套语言成为原本规划体系技术库中的一部分，也需要关注独立性与完整性，做到既可服务两规，也能单独发挥作用。

9.2.5 独立法规体系

随着我国政治转型，空间规划在向公共政策转型的过程中，法制建设的重要作用将逐渐凸显；此外，为了保障上述改革行为的有效推进并获得成功，也需要相关法律规范体系的保障支撑作用。目前我国只有《城乡规划法》一项专门面向空间规划行为的法律，而土地利用规划的准则出现在《土地管理法》中。这将致使明确二者的权责体系、规范二者的运行体系缺乏依据，同时导致新体系建立后缺乏规范效力的问题。因此，法规体系建设应当与技术、管理、行政体系的改革同步推进，不仅让改革的每一步做到有法可依，也使构建起的新体系具备应有的法律效力，从而充分发挥作用。建议法规体系的建立应当注重：在改革过程中，编制相关实施条例，引导改革过程的稳定、有序推进；建议编制一部综合的《空间规划法》，以主体功能区划、国土规划（试点中）为统领，重点在于以整体空间规划运行体系为框架，明确各规划之间的关系，规范各相关部门之间的权责关系，以及统一部分技术口径的问题；考虑到如果采用一部完全综合的法规进行统筹管理，将大大增加规划部门的责任与负担，而我国规划相关部门在现阶段仍无法承受（陈慧瑛，2007），可根据规划内容横向划分专题法规对各具体规划再形成专门的行为指引。

9.3 构建国土空间规划体系背景下制度创新途径的思考

2018年的机构改革，尤其是通过组建自然资源部，并将主体功能区规划、城乡规划及土地规划的职能统合于自然资源部，无疑极大地解决了"规土融合"发展在理顺"责权关系"方面的制度创新需求。自然资源部成立以后，各地纷纷组建自然资源和规划局，无疑在地方层面上为理顺"责权关系"做了管理体制上的大幅度调整，基本消除了阻碍"规土"融合的行政管理体制障碍。过去所设想的通过"国土"和"住建"两个部门联合成立规划委员会来应对未来的"规土融合"发展的设想，现在看来，在自然资源部成立以后，这些设想都显得保守，实际上属于相对保守的"改良性"思路，而非管理体制发生根本性变革的思路。无疑，自然资源部的组建超越了学术界过去各种改革设想方案中关于行政管理体制的改革幅度，为"规土融合"营造了极为有利的局面。2018年以后，新一轮国土空间规划的编制以及新的国土空间规划体系的构建被提上议事日程，而在新的规划体系中，无疑将要解决"规土融合"乃至"多规合一"的问题，这些问题的解决尽管已经在行政管理上铺平了道路，但仍然面临来自价值导向与运行体系重组、技术体系构建和法律法规建设等方面的问题，需要制度和政策层面的创新配套。

首先，在价值导向与运行体系重组方面。

要明确新一轮国土空间规划的生态文明建设导向。在2015年中央发布的《生态文明体制改革总体方案》中，便明确提出要构建起包括空间规划体系、国土空间开发保护制度等在内的生态文明制度体系；空间规划是国家空间发展的指南、可持续发展的空间蓝图，是各类开发建设活动的基本依据；空间规划划分为国家、省、市县三级；市县空间规划要划定生产空间、生活空间、生态空间，明确开发边界和保护边界。在上述方案中，已经明确了国土空间规划是中国生态文明建设的重要组成部分，空间规划所要划定的所谓的"三生空间"（生产空间、生活空间和生态空间）是市县级城市空间实现可持续发展的本底，三生空间的发展目标对城市层面的实体空间分布和功能重组都具有重要的指导意义（李广东、方创琳，2016）。另外，在价值导向方面，国土空间规划要落实最严格的生态环境保护制度、最严格的耕地保护制度、最严格的节约用地制度，实施自然资源总量和强度双控，提升资源配置效率和利用质量，引导转变国土空间开发利用方式，按照推进形成绿色发展方式和生活方式的要求，加强国土空间的总体安排和统筹部署（赵云泰、葛倩倩，2018）。在2020年10月底发布的《十九届五中全会会议公报》中提出："推动绿色发展，促进人与自然和谐共生。坚持绿水青山就是金山银山理念，坚持尊重自然、顺应自然、保护自然，坚持节约优先、保护优先、自然恢复为主，守住自然生态安全边界。深入实施可持续发展战略，完善生态文明领域统筹协调机制，构建生态文明体系，促进经济社会发展全面绿色转型，建设人与自然和谐共生的现代化。要加快推动绿色低碳发展，持续改善环境质量，提升生态系统质量和稳定性，全面提高资源利用效率。"进一步强化了生态文明体系建设的目标，更加强调了突出"自然本底"的重要性。所以国土空间规划的生态文明和绿色发展的价值导向是十分明确的，在新一轮的国土空间规划体系下，"多规合一"也要把生态文明建设作为最重要的价值导向。

从规划的运行体系上看，在各层级空间规划的具体运行上，应该根据"一级政府一级事权"的原则，省级政府解决宏观性和战备性问题，县（市、区）政府重点解决如何贯彻落实上位要求，而地级市政府既要解决如何贯彻落实省级政府的发展要求，也要为所辖（市、区）政府的具体发展予以指引（陈小卉、何常清，2018）。并且，国家和省级空间规划不应该是市、县空间规划的拼合，市县空间规划也不应该是上级空间规划的简单落位，应该采取"自上而下"和"自下而上"双向统筹相结合（袁奇峰，2018）。实际上，空间规划体系的构建将对规划的理念、学科、制度、模式等方面产生深刻影响，是从深度和广度上对现行规划体系的重构和优化，与此同时，它又面临挑战，因为要做好相关管理制度、体制和机制的配套改革，以保证空间规划担当起历史重任（包存宽，2018）。总之，不管空间规划如何分层分级，原来土地利用总体规划所产生的"约束性"还是不应该完全丢失，仍然应该成为制约地方领导对城市空间增量扩展的"偏好"，但这种"约束性"在新的国土空间规划体系下以何种形式或何种原则得以反映？在规划的制度层面，如何来保护和体现这种"约束性"？这是值得深思的问题。除此之外，国土空间规划在"约束性"与"协调性"、"战略性"与"执行性"、"宏观型"与"精细型"以及"自上而下式"与"自下而上式"等方面，都面临规划运行机制的重组以及在规划体制创新方面的探索。

其次，在技术体系构建方面。

对技术体系而言，首要考虑的还是基于"多规合一"的国土空间规划体系的建构问题。有学者认为，今后一段时期内我国的发展规划（指国民经济社会发展五年规划）与空间规划是并行的，空间规划要以发展规划为依据，要实现其所确定的目标任务与相关要求，合理确定国土空间的开发与保护格局，而发展规划的制定要结合空间规划所确定的资源环境承载力、空间开发适宜性、目标指标及空间要素配置等内容（许景权等，2017）。同样的原理也出现在国土空间规划与生态环境保护规划的关系方面，因为生态环境保护规划隶属于生态环境部，国土空间规划中的生态环境保护内容要以后者为依据，要实现其规划的目标，符合其要求。然后才是国土空间规划体系的构建问题，这方面学术界已经开始探讨，如林坚等（2018）提出构建"一总四专、五级三类"的空间规划体系，即1个总体规划、4类专项规划，总体规划由"五级三类"规划构成，内容涵盖指标、边界、名录等管控要点，服务于规划编制、实施和监管等职责；其中，"五级"是指规划层级，包括国家、省、市、县、县级以下，"三类"是指规划类型，包括国家、省级规划，市、县级规划，县级以下实施规划；专项规划包括资源保护利用类规划，重大基础设施与公共设施类规划，保护地类的保护利用规划等。

除了国土空间规划体系的构建以外，还要考虑国土空间规划相关技术标准的研究和编制。吴志强（2000）认为国土空间规划技术标准的内涵可概括为"五要素一目标"，五要素即一套可以重复的事物、广泛的实验基础、协商程序、机构发布，以及为所有主体所共同遵守，一个核心目标即为实现最佳秩序，新时期国土空间规划不仅仅要求更高的质量，还要有效率，只有通过技术标准体系的构建实施才能兼顾二者。自然资源部组建以后，显然加大了在国土空间规划相关技术标准编制方面的力度，如2020年10月中下旬便推出《国土空间规划城市设计指南》行业标准（征求意见稿）、《国土空间规划城市体检评估规程》行业标准（征求意见稿）、《社区生活圈规划技术指南》行业标准（征求意见稿）、《城区范围确定标准》行业标准（征求意见稿），并公开征求意见，体现了在建立国土空间规划行业标准方面所做出的推动，对于完善国土空间规划技术体系起到重要作用。

在"多规合一"试点城市实践中，便已经凸显了"多规合一"信息化平台建设的重要性。在统一的坐标、统一的用地分类标准的基础上，将本由各部门分头管理的基础数据与各类规划，统一整合并叠加到一个平台上，通过现代化技术手段，尤其是与智慧城市建设工作相结合，提升空间治理的科学化、精细化和智能化水平（许景权，2018）。通过信息平台实现基础信息的整合，也为使用信息提供了及时、便捷的途径，"多规合一"思路下的信息平台建设，要围绕并服务于规划编制过程中的基础信息共享，辅助规划实施与管理的具体地块信息查询及相关成果叠加，要面向社会的公众参与机制。总之，规划信息平台的建设是"多规合一"（包括"规土融合"）背景下国土空间规划信息对接、查询、应用的重要途径，也是国土空间规划核心的技术体系。

规划的公众参与应该被纳入新一轮国土空间规划技术体系的构建范畴。城市规划的公共政策属性以及重视城市规划中的公众参与已经被呼吁了很多年（石楠，2004、2005；冯健、刘玉，2008），但城市规划公众参与的深度和广度一直都有待于提高。在《国土空间规划怎么做》的笔谈（孙施文等，2020）中，黄慧明就提出，国土空间规划应该做到从规划的技术体系上保证公众参与，从而实现从专业规划集成到全社会行动纲领再到社会治理的过程转型，这既是技术的转型，也是规划思维的转变。笔者及笔者的合作者曾经对新时期我国城市规划公共政策未来发展方向进行展望，其中"以体现规划的公共政策性为目标，有效调整规划的结构体系，在规划的思想基础、方法论以及规划程序和步骤等方面都要全面体现公共利益""规划不仅仅代表社会精英的利益，应该全面体现出社会各阶层的利益，还要体现出'人文关怀'""规划不仅仅是政府的事情，规划要更多地依赖于市场，要重视'自下而上'式的规划思维，香港在'小政府、大市场'规划体系下的高效率值得借鉴""市场经济体制下，要正视每一个利益主体的权利和利益，要由管理和行政命令的方式转变到治理的方式，用协调的思路解决问题""重视规划的'战略性'和'研究性'特点，摆脱'计划性'和'技术性'等传统思维对规划和规划师的束缚，才有利于体现规划的公共政策性特点""全国性的城市规划法和地方性的规划条例等各种政策法规应赋予公众参与规划的权利，并对参与的各种具体细节予以规范""增加规划的透明度，建立完善的规划监督体系"等（冯健、刘玉，2008），无疑对于今天的国土空间规划及其技术体系的构建仍然具有参考价值。就目前规划界所开展的国土空间规划探索性实践而言，可以明显让人感受到它更多地沿袭了过去土地利用规划的管控思路和自上而下式的规划编制思维。值得讨论的是，在不放松对生态本底和国土安全管控的前提下，还是应该考虑市场及自下而上式思维在规划编制中所发挥的作用，要充分吸收近20年来中国城市规划公共政策及公众参与研究所取得的成果，不能"顾此失彼"，要充分发挥公众参与规划的作用，才能编制出与时俱进的规划。

再次，在法律法规的建设方面。

法律法规建设是实现以"多规合一"为背景的国土空间规划有效实施和监管的制度保障。如前所述，传统上我国涉及空间规划的法律有《城乡规划法》《土地管理法》和《环境保护法》，城乡规划、土地利用规划、生态环境保护规划可分别在上述三项法律中寻求相应的法律依据，但上述法律并没有有效解决多头规划与事权交叉的问题。在新的国土空间规划体系框架下，"多规合一"以及"规土融合"的各种技术解决方案得以形成，但也迫切需要专门的法律予以保障，因而国土空间规划相关法律法规的建设问题已经引起学术界的关注。如针对"多规合一"的试点经验，有学者提出要通过法定程序确立国土空间规划与其他部门专项规划的上下位关系，确保各部门专项规划以国土空间规划为编制依据，打破各自为政、相互冲突、相互制约、互为前置的局面，明确和规范空间规划的定位、主体、编制程序、多规协调、规划实施、审批程序、法律责任等，强化规划实施的保障和法律效力（常新等，2018）。健全的法律体系是保障国土空间规划实施的法律保障，加强现行法律体系的"立、改、废、释"，强化综合性的空间立法进程，加快制定《空间规划法》，建立以市县级行政区为单元，由空间规划、用途管制等构成的空间治理体系（马永欢等，2017）。在2018年自然资源部组建以后，立即就有学者提出应该尽快研究并制定《空间规划法》及相关的法规规章，

《空间规划法》须紧密结合国家自然资源改革的方案，重点突出土地用途管制和自然资源保护方面的内容，同时修改或部分废止《城乡规划法》《土地管理法》《环境保护法》等相关法律法规，以保障空间规划法规的有效执行（张艳芳、刘治彦，2018）。另外，前文所讨论的规划的公众参与问题也需要法律的保障。要在《空间规划法》中，针对空间规划与公共利益、公共问题的关系以及公众参与规划的权利等方面做出具体规定，以保障规划的重要环节确立以公共利益为目标导向，充分保障市民参与规划的权利。只有从《空间规划法》到各地的国土空间规划条例都切实重视公众参与规划的权利，在公众参与编制规划的层次、规划公开展示的时间和方式、公众如何对规划发表意见、规划又如何吸纳公众意见等方面有明确的规定，才能对市民有效参与规划有最起码的保障。

另外，在《空间规划法》中需要对国土空间规划的监管予以法律保障。赵燕菁（2020）提出，未来的国土空间规划体系，不再是编制的体系，而应成为围绕监督和实施的体系，这与规划从原来的管理增量为主到管理存量为主的转变相一致。他还提出，规划的刚性不是简单的"设计刚性"而应该是"规则的刚性"，这就意味着空间管理规划的设计过程应该取代空间设计的结果，并成为空间规划体系建设的中心。在《国土空间规划怎么做》的笔谈（孙施文等，2020）中，林坚提出国土空间规划的实施监督非常关键，未来要强调面向国家整体安全观的规划管理，包括生命安全、人文安全、资源安全等，有效的规划实施监督体系是整体国土安全的重要保障，规划的能用、好用、管用也需要在实施监督过程中进行检验。甚至还有学者提出，将空间规划的编制和落实情况纳入地方领导干部离任审计范畴（马永欢等，2017），当然，这些都需要法律法规的保障。总体而言，在《空间规划法》中要明确生态文明建设的总导向，要体现出"存量管理"模式下对城市空间扩展所形成的"约束性"，提高对质量、安全、生态和协调的有效监测和监管，从而在法律层面上保障国土空间规划的有序开展。

参考文献

［1］Becker Gary, Murphy Kevin. The Division of Labor Coordination Costs and Knowledge[J]. The Quarterly Journal of Economics, 1992: 1137-1158.

［2］Brindley T, Rydin Y, Stoker G. Remaking Planning: The Politics of Urban Change in the Thatcher Years[M]. London: Unwin Hyman, 1989: 74-95.

［3］City of Philadelphia. 2014. The FY2015—2020 Capital Program [EB/OL]. [2015-01-20]. http://www. phila. gov/CityPlanning/Initiatives/Pages/CapitalProgram. aspx.

［4］City of Winter Springs. 2013. Comprehensive Plan[EB/OL]. [2015-01-20]. http://www. winterspringsfl. org/EN/web/dept/cd/48964/compplan. htm.

［5］Department for Communities and Local Government. 2015. Plain English guide to the Planning System[EB/OL]. [2015-03-26]. https://www. gov. uk/government/ uploads/ system/uploads/attachment_data/file/391694/Plain_English_guide_to_the_planning_system. pdf.

［6］Healey P. Planning through debate, [J]. Town Planning Review, 1992, 63（2）: 143-162.

［7］Jun, M. The effects of Portland's urban growth boundary on urban development patterns and commuting[J]. Urban Studies, 2004, 41（7）: 1333-1348.

［8］Manchester City Council. Local Development Scheme 2010—2013（update Feb 2012）[Z], 2012.

［9］Manchester City Council. 2012. Manchester's Local Development Framework Core Strategy Development Plan Document[EB/OL]. [2015-04-01]. http://www. manchester. gov. uk/info/200074/planning/3301/core_strategy

［10］New Jersey Office of State Planning. 1997. Statewide Planning and Growth Management Programs in the United States[EB/OL]. [2015-01-20]. http://www. nj. gov/

state/planning/docs/statewideplanning080197. pdf.

［11］Wright G，Rabinow P. Spatialization of Power：A Discussion of the Work of Michel Foucault[J]. Skyline，1982，（3）：14-15.

［12］爱德华·苏贾.后现代地理学 [M].王文斌译.北京：商务印书馆，2004.

［13］安济文，宋真真."多规合一"相关问题探析 [J].国土资源，2017（5）：52-53.

［14］奥尔森·曼瑟.国家的兴衰——经济增长、滞涨和社会僵化 [M].李增刚译.上海：上海世纪出版集团，2007.

［15］白成琦.论日本经济计划模式对我国的借鉴价值 [J].日本学刊，2000（1）：68-79.

［16］包存宽.生态文明视野下的空间规划体系 [J].城乡规划，2018（5）：6-13.

［17］蔡玉梅，陈明，宋海荣.国内外空间规划运行体系研究述评 [J].规划师，2014，30（3）：83-87.

［18］蔡玉梅.新一轮土地利用规划修编的特点和建议 [C]// 中国土地学会.节约集约用地及城乡统筹发展——2009 年海峡两岸土地学术研讨会论文集 [Z]，2009.

［19］曾山山，张鸿辉，崔海波，黄军林.博弈论视角下的多规融合总体框架构建 [J].规划师，2016，32（6）：45-50.

［20］柴明."两规"协调背景下的城乡用地分类与土地规划分类的对接研究 [J].规划师，2012，28（11）：96-100.

［21］常新，张杨，宋家宁.从自然资源部的组建看国土空间规划新时代 [J].中国土地，2018（5）：25-27.

［22］陈常优，李汉敏.基于节约集约用地理念的土地利用规划研究 [C]// 中国土地学会.2007 年中国土地学会年会论文集 [Z]，2007.

［23］陈常优，张本昀.试论土地利用总体规划与城市总体规划的协调 [J].地域研究与开发，2006，25（4）：112-116.

［24］陈慧瑛.论我国城市规划法律制度的完善 [D].广州：暨南大学硕士学位论文，2007：24-35.

［25］陈书荣，石宝江，陈宇.从供给侧探索"多规合一"新机制——"多规合一"之广西实践探索 [J].资源与人居环境，2016（10）：10-11.

［26］陈韦，洪旗，陈华飞等."规土融合"的特大城市建设用地节约集约利用评价与实践 [M].北京：中国建筑工程出版社，2016.

［27］陈雯，闫东升，孙伟.市县"多规合一"与改革创新：问题、挑战与路径关

『规土融合』——从技术创新走向制度创新

键 [J]. 规划师，2015（2）：17-21.

［28］陈小卉，何常清 . 制度变迁背景下的省级空间治理思考——以江苏省为例 [J].
城乡规划，2018（5）：27-34.

［29］陈哲，欧名豪，李彦 . 现行政管理体制下的"两规"衔接 [J]. 城市问题，2010
（11）：76-81.

［30］陈哲 . 城市土地利用中的政府干预：基于规划的视角 [D]. 南京：南京农业大
学博士学位论文，2010.

［31］陈志诚，樊尘禹 . 城市层面国土空间规划体系改革实践与思考——以厦门市
为例 [J]. 城市规划，2020，44（2）：59-67.

［32］程永辉，刘科伟，赵丹等 ."多规合一"下城市开发边界划定的若干问题探讨
[J]. 城市发展研究，2015（7）：52-57.

［33］崔英伟 . 村镇规划 [M]. 北京：中国建材工业出版社，2008.

［34］大阪市総合計画審議会 . 大阪市総合計画審議会策定機関 [Z]，2001.

［35］单媛，臧卫强 . 宁夏镇村规划编制中"多规合一"的探讨 [J]. 小城镇建设，
2015（3）：37-39.

［36］邓作勇 . 我国土地制度下的利益冲突、变迁及其原因分析 [D]. 西安：陕西师
范大学硕士学位论文，2006.

［37］丁成日 ."经规""土规""城规"规划整合的理论与方法 [J]. 规划师，2009
（3）：53-58.

［38］丁建中，彭补拙，梁长青 . 土地利用总体规划与城市总体规划的协调与衔接
[J]. 城市问题，1999（1）：25-27.

［39］丁雨眎 . 多规合一的路径和规划方法——以重庆市涪陵区义和镇为例 [D]. 北
京：北京大学硕士学位论文，2016.

［40］董祚继 ."多规合一"：找准方向绘蓝图 [J]. 国土资源，2015（6）：11-14.

［41］杜官印，蔡运龙 . 1997——2007 年中国建设用地在经济增长中的利用效率
[J]. 地理科学进展，2010，29（6）：693-700.

［42］范宇 ."两规合一"导向下的土地供应计划研判机制初探——以上海的实践为
例 [J]. 上海城市规划，2014（4）：95-100.

［43］方创琳 . 区域规划与空间管治论 [M]. 北京：商务印书馆，2007：212.

［44］冯健，刘玉 . 中国城市规划公共政策展望 [J]. 城市规划，2008，32（4）：33-
40，81.

［45］冯健，钟奕纯.乡镇级"规土融合"实现路径与技术创新——基于武汉乡镇总体规划实践的探讨 [J].地域研究与开发，2016，35（6）：161-168.

［46］冯文利，史培军，陈丽华等.美国农地保护及其借鉴 [J].中国国土资源经济，2007（5）：31-33.

［47］冯长春，张一凡，王利伟，李天娇.小城镇"三规合一"的协调路径研究 [J].城市发展研究，2016（5）：16-23.

［48］顾朝林，彭翀.基于多规融合的区域发展总体规划框架构建 [J].城市规划，2015，39（2）：16-22.

［49］顾朝林.多规融合的空间规划 [M].北京：清华大学出版社，2015.

［50］顾京涛，尹强.从城市规划视角审视新一轮土地利用总体规划 [J].城市规划，2005，29（9）：9-13.

［51］顾秀莉."两规合一"背景下的土地储备规划编制初探——以上海浦东新区近期土地储备规划为例 [J].上海城市规划，2010（4）：5-8.

［52］郭理桥.新型城镇化与基于"一张图"的"多规融合"信息平台 [J].城市发展研究，2014（3）：1-3，13.

［53］郭锐，樊杰.城市群规划多规协同状态分析与路径研究 [J].城市规划学刊，2015（2）：24-30.

［54］国土交通省.2008.国土利用計画と他の諸計画との関係 [EB/OL].[2014-12-20].http：//www.mlit.go.jp/singikai/kokudosin/keikaku/jizoku/13/sankou04.pdf

［55］国土交通省国土計画局総合計画課.2007.新しい国土形成計画について [EB/OL].[2014-12-20].http：//www.mlit.go.jp/kokudokeikaku/report/New_NLSP_060515_J.pdf

［56］韩高峰，张潋，黄仪荣.赣南地区"三规"协同行动策略 [J].规划师，2014（10）：68-72.

［57］洪旗，郑金，陈华飞.基于土地集约利用的空间发展规划探索与实践——"规土融合"思路下存量规划 [J].现代城市研究，2015（5）：15-22.

［58］胡鞍钢.如何破解城市"多规合一"共性问题 [J].智慧中国，2016（8）：79-81.

［59］胡飞，徐昊."两规合一"背景下的武汉市城乡体系构建探讨 [J].规划师，2012，28（11）：91-95.

［60］胡俊.规划的变革与变革的规划——上海城市规划与土地利用规划"两规合一"的实践与思考 [J].城市规划，2010（6）：20-25.

『规土融合』——从技术创新走向制度创新

［61］胡毅，张京祥．中国城市住区更新的解读与重构：走向空间正义的空间生产[M].北京：中国建筑工业出版社，2015.

［62］黄焕，付雄武．"规土融合"在武汉市重点功能区实施性规划中的实践[J]. 规划师，2015，31（1）：15-19.

［63］黄贤金，王伟林，姚丽．中国土地制度建设与改革的若干思考[C]// 中国土地学会．2009 年中国土地学会学术年会论文集[Z]，2009.

［64］黄叶君．体制改革与规划整合——对国内"三规合一"的观察与思考[J]. 现代城市研究，2012（2）：10-14.

［65］黄勇，周世锋，王琳等．"多规合一"的基本理念与技术方法探索[J]. 规划师，2016（3）：82-88.

［66］江文文，戴熠．基于城乡土地流转的"两规合一"的乡镇总规探索[C]// 中国城市规划学会．2012 中国城市规划年会论文集[Z]，2012.

［67］蒋蓉，李竹颖，晁旭彤．基于"两规合一"的成都乡镇村综合规划编制探索[J]. 现代城市研究，2013（1）：57-50.

［68］金兆森．村镇规划[M].南京：东南大学出版社，2005.

［69］赖寿华，黄慧明，陈嘉平等．从技术创新到制度创新：河源、云浮、广州"三规合一"实践与思考[J]. 城市规划学刊，2013（5）：63-68.

［70］雷诚，范凌云．土地开发运作理论在城市规划中的应用研究[J]. 规划师，2008，24（3）：59-62.

［71］李广东，方创琳．城市生态—生产—生活空间功能定量识别与分析[J]. 地理学报，2016，71（1）：49-65.

［72］李京生．日本的城市总体规划[J].国外城市规划，2000（4）：2-4.

［73］李睿倩，李永富，胡恒．生态系统服务对国土空间规划体系的理论与实践支撑[J].地理学报，2020，75（8）：1-14.

［74］李晓楠，盛晓雪，高鹤鹏．"三规合一"视角下的城乡总体规划编制思路探讨——以沈阳市于洪区城乡总体规划为例[J]. 规划师，2014（S1）：10-14.

［75］李玉梅．快速城镇化进程中的城市总体规划与土地利用总体规划的协调研究——以重庆市南川区为例[D].重庆：重庆大学建筑城规学院硕士学位论文，2008.

［76］李云新．制度模糊性下中国城镇化进程中的社会冲突[J]. 中国人口·资源与环境，2014，24（6）：1-8.

［77］李芝兰，刘承礼．当代中国的中央与地方关系：趋势、过程及其对政策执行

的影响 [J]. 国外理论动态，2013（4）：52-61.

［78］梁湖清，沈正平，沈山 . 村镇规划与土地规划的比较及协调研究 [J]. 人文地理，2002，17（4）：67-70.

［79］林坚，陈诗弘，许超诣，王纯 . 空间规划的博弈分析 [J]. 城市规划学刊，2015（1）：10-14.

［80］林坚，乔治洋 . 博弈论视角下市县级"多规合一"研究 [J]. 中国土地科学，2017，31（5）：12-19.

［81］林坚，吴宇翔，吴佳雨，刘诗毅 . 论空间规划体系的构建——兼析空间规划、国土空间用途管制与自然资源监管的关系 [J]. 城市规划，2018，42（5）：9-17.

［82］林坚，许超诣 . 土地发展权、空间管制与规划协同 [J]. 城市规划，2014，38（1）：26-34.

［83］林坚，赵晔 . 国家治理、国土空间规划与"央地"协同——兼论国土空间规划体系演变中的央地关系发展及趋向 [J]. 城市规划，2019，43（9）：20-23.

［84］林琼华 . 城乡规划中土地节约与集约利用研究——以福建省土地利用为例 [D]. 长沙：中南大学硕士学位论文，2008.

［85］林盛均 . 城市规划体系中"三规"协调的综合平台构建——江西省贵溪市年度实施计划编制 [J]. 规划师，2013（S2）：181-185，196.

［86］刘东，张良悦 . 土地征用的过度激励 [J]. 江苏社会科学，2007（1）：47-53.

［87］刘厚金 . 我国政府转型进程中的公共服务研究 [D]. 上海：华东师范大学博士学位论文，2007.

［88］刘晶妹，郭文炯 . 土地利用总体规划和城市总体规划："两规"衔接三论 [J]. 中国土地，1998（11）：30-31.

［89］刘利锋，韩桐魁 . 浅谈"两规"协调中容易产生的误区 [J]. 中国土地科学，1999（3）：22-25.

［90］刘守英 . 中共十八届三中全会后的土地制度改革及其实施 [J]. 法商研究，2014（2）：3-10.

［91］刘淑虎，任云英，马冬梅等 . 1949年以来中国城乡关系的演进·困境·框架 [J]. 干旱区资源与环境，2015，29（1）：6-12.

［92］刘燕，郑财贵，杨丽娜 ."多规合一"推进中的部门协同机制 [J]. 中国土地，2017（4）：35-37.

［93］刘易斯·芒福德 . 城市发展史：起源、演变和前景 [M]. 宋峻岭等译 . 北京：

中国建筑工业出版社，1989.

［94］罗小龙，陈雯，殷洁 . 从技术层面看三大规划的冲突——以江苏省海安县为例 [J]. 地域研究与开发，2008，27（6）：23-28.

［95］骆祖春 . 中国土地财政问题研究 [D]. 南京：南京大学博士学位论文，2012.

［96］吕冬敏 . 浙江"两规"衔接的创新、不足与改进对策 [J]. 城市规划，2015，39（1）：48-52.

［97］吕华明 . 公共政策导向的城市规划与管理探讨 [J]. 中国住宅设施，2017（4）：39-40.

［98］吕维娟 . 城市总体规划与土地利用总体规划异同点初探 [J]. 城市规划，1998，32（1）：34-36.

［99］马定武 . 城市规划本质的回归 [J]. 城市规划学刊，2005（1）：16-20.

［100］马方，杨昔 . 基于"两规融合"的远城区城乡规划管理的探索与思考——以武汉为例 [C]// 中国城市规划学会 . 城乡治理与规划改革——2014 中国城市规划年会海口论文集 [Z]，2014.

［101］马方，杨昔 . 基于"两规融合"的远城区城乡规划管理的探索与思考——以武汉为例 [C]// 中国城市规划学会 . 城乡治理与规划改革——2014 中国城市规划年会论文集 [Z]，2014.

［102］马文涵，吕维娟 . 快速城镇化时期武汉市"两规合一"的探索与创新 [J]. 规划师，2012，28（11）：79-84.

［103］马文涵，余凤生，朱志兵等 . 武汉市城乡规划统筹管理的改革与思考 [J]. 规划师，2010，26（12）：73-79.

［104］马学广，王爱民，闫小培 . 基于增长网络的城市空间生产方式变迁研究 [J]. 经济地理，2009，29（11）：1827-1832.

［105］马永欢，李晓波，陈从喜，张丽君，符蓉，苏利阳 . 对建立全国统一空间规划体系的构想 [J]. 中国软科学，2017（3）：11-16.

［106］名古屋市都市計画審議会 . 名古屋市都市計画 [Z]，2011.

［107］宁越敏 . 新城市化进程——90 年代中国城市化动力机制和特点探讨 [J]. 地理学报，1998，53（5）：470-477.

［108］牛慧恩，陈宏军 . 现实约束之下的"三规"协调发展——深圳的探索与实践 [J]. 现代城市研究，2012（2）：20-23.

［109］牛志明，刘新平 . 乡（镇）土地利用总体规划与村镇规划协调的研究——以

阜康市滋泥泉子镇为例 [J]. 农村经济与科技，2015，26（1）：169-170.

［110］潘安，吴超，朱江."三规合一"：把握城乡空间发展的总体趋势——广州市的探索与实践 [J]. 中国土地，2014（7）：6-10.

［111］彭海东，尹稚. 政府的价值取向与行为动机分析——我国地方政府与城市规划制定 [J]. 城市规划，2008，32（4）：41-48.

［112］彭坤焘，赵民. 新时期规划编制类型的多样化态势及成因——暨"工具理性"及"理性批判"的讨论 [J]. 城市规划，2012，36（9）：9-17.

［113］秦涛，隗炜，李延新."两规"衔接的思考与探索——以武汉市土地利用总体规划修编为例 [C]// 中国土地学会 . 2009 年中国土地学会学术年会论文集 [Z]，2009.

［114］曲卫东，黄卓. 运用系统论思想指导中国空间规划体系的构建 [J]. 中国土地科学，2009，23（12）：22-27.

［115］任庆昌，王磊，李禅等."多规融合"视角下的城市总体规划编制探索——以《凯里—麻江城市总体规划修编（2014—2030）》为例 [J]. 规划师，2015，（6）：121-126.

［116］任希岩，张全. 生态理念下的多规协同编制技术探讨 [J]. 城市规划，2014（S2）：150-155.

［117］沈迟，许景权."多规合一"的目标体系与接口设计研究——从"三标脱节"到"三标衔接"的创新探索 [J]. 规划师，2015（2）：12-16，26.

［118］沈山，林立伟，江国逊. 城乡规划评估理论与实证研究 [M]. 南京：东南大学出版社，2012.

［119］石楠. 试论城市规划社会功能的影响因素——兼析城市规划的社会地位 [J]. 城市规划，2005，29（8）：9-18.

［120］石楠. 试论城市规划中的公共利益 [J]. 城市规划，2004，28（6）：20-31.

［121］宋春云. 基于城市规划的土地集约利用评价研究——以廊坊市万庄新城为例 [D]. 北京：中国地质大学博士学位论文，2015.

［122］宋丽."两规"衔接下的村镇规划编制改进 [D]. 济南：山东建筑大学硕士学位论文，2014.

［123］苏文松，徐振强，谢伊羚. 我国"三规合一"的理论实践与推进"多规融合"的政策建议 [J]. 城市规划学刊，2014（6）：85-89.

［124］孙晖，梁江. 美国的城市规划法规体系 [J]. 国外城市规划，2000（1）：19-25.

［125］孙施文，奚东帆．土地使用权制度与城市规划发展的思考 [J]. 城市规划，2003，27（9）：12-16.

［126］孙施文，刘奇志，邓红蒂，黄慧明，张菁，郑筱津，张尚武，林坚．国土空间规划怎么做 [J]. 城市规划，2020，44（1）：112-116.

［127］唐兰．城市总体规划与土地利用总体规划衔接方法研究 [D]. 天津：天津大学博士学位论文，2012.

［128］田华文．乡镇土地利用总体规划与村镇规划的协调研究——以河南省商城县双椿铺镇为例 [D]. 郑州：河南农业大学硕士学位论文，2010.

［129］佟彪，党安荣，李健，许剑．我国"多规融合"实践中的尺度分析 [J]. 现代城市研究，2015（5）：9-14.

［130］汪胜男．城市总体规划与土地利用总体规划协调研究——以豫灵镇为例 [D]. 西安：长安大学硕士学位论文，2014.

［131］汪燕衍，常帅，徐玉婷等．乡（镇）级土地利用规划与村镇规划的协调研究 [J]. 中国集体经济，2011（10）：7-8.

［132］汪燕衍．乡（镇）级土地利用规划与村镇规划的比较及协同研究 [D]. 武汉：华中农业大学硕士学位论文，2011.

［133］汪云．武汉市"两规"衔接的探索和思考 [C]// 中国城市规划学会．规划创新：2010 中国城市规划年会论文集 [Z]，2010.

［134］王国恩，郭文博．"三规"空间管制问题的辨析与解决思路 [J]. 现代城市研究，2015（2）：33-39.

［135］王国恩，唐勇，魏宗财等．关于"两规"衔接技术措施的若干探讨——以广州市为例 [J]. 城市规划学刊，2009（5）：20-27.

［136］王昊．村镇规划与土地利用规划协同耦合研究 [D]. 北京：北京林业大学硕士学位论文，2009.

［137］王金岩，吴殿廷，常旭．我国空间规划体系的时代困境与模式重构 [J]. 城市问题，2008，153（4）：62-68.

［138］王军．基于城乡规划法的县级层面两规协调研究 [C]// 中国城市规划学会．规划创新：2010 中国城市规划年会论文集 [Z]，2010.

［139］王俊，何正国．"三规合一"基础地理信息平台研究与实践——以云浮市"三规合一"地理信息平台建设为例 [J]. 城市规划，2011（S1）：74-78.

［140］王蒙徽．推动政府职能转变，实现城乡区域资源环境统筹发展——厦门市开

展"多规合一"改革的思考与实践 [J]. 城市规划，2015（6）：9-13，42.

［141］王万茂 . 土地利用规划学 [M]. 南京：东南大学出版社，2013.

［142］王向东，刘卫东 . 土地利用规划：由概念和本质属性谈起 [J]. 国土资源情报，2011（10）：54-60.

［143］王向东，刘卫东 . 中国空间规划体系：现状、问题与重构 [J]. 经济地理，2012，32（5）：7-15.

［144］王颖，顾朝林，李晓江 . 中外城市增长边界研究进展 [J]. 国际城市规划，2014，29（4）：1-11.

［145］王勇 . 论"两规"冲突的体制根源——兼论地方政府"圈地"的内在逻辑 [J]. 城市规划，2009，33（10）：53-59.

［146］卫兴华，侯为民 . 中国经济增长方式的选择与转换途径 [J]. 经济研究，2007（7）：15-22.

［147］魏广君，董伟，孙晖 ."多规整合"研究进展与评述 [J]. 城市规划学刊，2012（1）：76-82.

［148］魏广君 . 空间规划协调的理论框架与实践探索 [M]. 北京：中国建筑工业出版社，2020.

［149］魏立华，梁秋燕 . 公共政策文本的话语分析及城市规划话语建构的"后现代性"转向——以《中共中央国务院关于进一步加强城市规划建设管理工作的若干意见》为例 [J]. 南方建筑，2017（5）：82-87.

［150］吴缚龙 . 市场经济转型中的中国城市管治 [J]. 城市规划，2002，26（9）：33-35.

［151］吴顺民，李进 . 新时期国土空间规划的思考 [J]. 城市勘测，2020（1）：45-47，52.

［152］吴晓 . 控规编制中的"三规合一"规划实践——以天河智慧城核心区控制性详细规划为例 [J]. 规划师，2014（S5）：158-162.

［153］吴效军 . 二图合一的实践与思考 [J]. 城市规划，1999，23（4）：52-56.

［154］吴志强 . 加快构建新时代国土空间规划技术标准体系 [N]. 中国自然资源报，2020-07-30（3）.

［155］武汉市城市规划管理局 . 武汉市城市规划志 [M]. 武汉：武汉出版社，1999.

［156］武汉市国土资源和规划局 . 武汉市土地利用总体规划（2006—2020）[R]，2007.

［157］武汉市国土资源和规划局.武汉市重点功能区实施性规划工作指引 [R]，2013.

［158］武睿娟，吴珂.从镇村布局规划层面探讨"两规"衔接的相关问题——以无锡市惠山区镇村布局规划为例 [J].江苏城市规划，2010（2）：32-36.

［159］武廷海，张城国，张能等.中国快速城镇化的资本逻辑及其走向 [J].城市与区域规划研究，2012（2）：1-23.

［160］武廷海.建立新型城乡关系、走新型城镇化道路——新马克思主义视野中的中国城镇化 [J].城市规划，2013，37（11）：9-19.

［161］武廷海.新时期中国区域空间规划体系展望 [J].城市规划，2007，31（7）：39-46.

［162］肖昌东，方勇，喻建华等.武汉市乡镇总体规划"两规合一"的核心问题研究及实践 [J].规划师，2012，28（11）：85-90.

［163］萧昌东."两规"关系探讨 [J].城市规划汇刊，1998，（1）：29-33+65.

［164］萧昌东.城市总体规划与土地利用总体规划编制若干思考 [J].规划师，2000，16（3）：14-16.

［165］谢杰琦.镇级土地利用总体规划与城镇总体规划的协调衔接——以东莞市谢岗镇为例 [J].热带地理，2008，28（6）：560-563.

［166］谢美娇.生态文明背景下的国土空间规划体系构建探析 [J].安徽建筑，2020，27（10）：185-186.

［167］谢英挺，王伟.从"多规合一"到空间规划体系重构 [J].城市规划学刊，2015（3）：15-21.

［168］辛修昌，邵磊，顾朝林，厉基巍.从"做什么"到"不做什么"：基于"多规融合"的县域空间管制体系构建 [J].城市发展研究，2016（3）：15-21.

［169］徐东辉."三规合一"的市域城乡总体规划 [J].城市发展研究，2014（8）：30-36.

［170］徐颖.日本用地分类体系的构成特征及其启示 [J].国际城市规划，2012（6）：22-29.

［171］许德林，欧名豪，杜江.土地利用规划与城市规划协调研究 [J].现代城市研究，2004（1）：46-49.

［172］许景权，沈迟，胡天新，杜澍，张晓明.构建我国空间规划体系的总体思路和主要任务 [J].规划师，2017，33（2）：5-11.

参考文献
REFERENCES

［173］许景权.基于空间规划体系构建对我国空间治理变革的认识与思考 [J].城乡规划，2018（5）：14-20.

［174］许珂."两规合一"背景下对上海新市镇总体规划编制的思考 [J].上海城市规划，2011（5）：72-77.

［175］宣晓伟.治理现代化视角下的中国中央和地方关系——从泛化治理到分化治理 [J].管理世界，2018（11）：52-64.

［176］杨玲.基于空间管制的"多规合一"控制线系统初探——关于县（市）域城乡全覆盖的空间管制分区的再思考 [J].城市发展研究，2016（2）：8-15.

［177］杨善华，苏红.从"代理型政权经营者"到"谋利型政权经营者"——向市场经济转型背景下的乡镇政权 [J].社会学研究，2002（1）：17-24.

［178］杨树佳，郑新奇.现阶段"两规"的矛盾分析、协调对策与实证研究 [J].城市规划学刊，2006（5）：62-67.

［179］杨荫凯.国家空间规划体系的背景和框架 [J].改革，2014（8）：125-130.

［180］姚凯."资源紧约束"条件下两规的有序衔接——基于上海"两规合一"工作的探索和实践 [J].城市规划学刊，2010（3）：26-31.

［181］姚南，范梦雪.基于"两规合一"的城市开发边界划定探索 [J].规划师，2015，31（S2）：72-75.

［182］尹向东."两规"协调体系初探 [J].城市规划，2008，32（12）：29-32.

［183］余瑞林.武汉城市空间生产的过程、绩效与机制分析 [D].武汉：华中师范大学博士学位论文，2013.

［184］余颖，王芳，何波.城乡统筹视野下推进"多规协同"的重庆实践 [J].规划师，2015（2）：52-56.

［185］袁磊，汤怡."多规合一"技术整合模式探讨 [J].中国国土资源经济，2015（8）：47-51.

［186］袁奇峰，陈世栋，欧阳渊.以体制创新推动"多规合一"——以佛山市顺德区为例 [J].现代城市研究，2015（5）：23-28.

［187］袁奇峰.自然资源的保护、开发与配置——空间规划体系改革刍议 [J].北京规划建设，2018（3）：158-161.

［188］云浮市规划编制委员会.历史变更 [R]，2014.

［189］张峰，李红军.城乡统筹下的土地利用规划创新研究 [M].天津：南开大学出版社，2012：115-144.

［190］张京祥，陈浩. 空间治理：中国城乡规划转型的政治经济学 [J]. 城市规划，2014，38（11）：9-15.

［191］张京祥，夏天慈. 治理现代化目标下国家空间规划体系的变迁与重构 [J]. 自然资源学报，2019，34（10）：2040-2050.

［192］张垒磊. 中国征地制度改革研究 [D]. 沈阳：辽宁大学硕士学位论文，2017.

［193］张珝. 空间政治经济学视角下的城市设计理论研究和实践初探 [D]. 天津：天津大学博士学位论文，2011.

［194］张泉，刘剑. 城镇体系规划改革创新与"三规合一"的关系——从"三结构一网络"谈起 [J]. 城市规划，2014（10）：13-27.

［195］张姗姗. 乡（镇）域土地利用总体规划与城市总体规划整合研究 [D]. 南京：南京农业大学硕士学位论文，2011.

［196］张少康，罗勇. 实现全面"三规合一"的综合路径探讨——广东省试点市的实践探索与启示 [J]. 规划师，2015（2）：39-45.

［197］张少康，杨玲，刘国洪等. 以近期建设规划为平台推进"三规合一"[J]. 城市规划，2014，38（12）：82-83.

［198］张庭伟. 从"向权力讲授真理"到"参与决策权力"——当前美国规划理论界的一个动向："联络性规划"[J]. 城市规划，1999，23（6）：33-36.

［199］张亚丽，黄珺嫦，蔡运龙等. 基于规划协调的乡镇土地利用统一分类研究 [J]. 地域研究与开发，2011，30（5）：150-155.

［200］张亚丽，黄珺嫦，蔡运龙等. 乡镇级土地利用总体规划与村镇体系规划协调评价 [J]. 中国土地科学，2012，26（4）：91-96.

［201］张艳芳，刘治彦. 国家治理现代化视角下构建空间规划体系的着力点 [J]. 城乡规划，2018（5）：21-26.

［202］张勇，孙泰森，师学义等. 浅析土地利用总体规划与城市总体规划的协调 - 以晋中市为例 [J]. 福建水土保持，2003，15（4）：5-9.

［203］张月金，王路生. 城乡统筹背景下南宁市"三规"协调的内容与实践 [J]. 规划师，2012（9）：104-107.

［204］张志坚，金良富. 市场经济下城市规划与土地利用的良性互动 [J]. 城市规划，2002，26（11）：53-54.

［205］张志强，李志伦，倪文辉. "多规合一"规划信息化平台建设研究与实践 [J]. 测绘，2017，40（6）：267-269.

［206］赵佩佩，顾浩，孙加凤．新型城镇化背景下城乡规划的转型思考 [J]. 规划师，2014，30（4）：95-100.

［207］赵燕菁．国土空间规划：重塑规划体系的新契机 [J]. 北京规划建设，2020（4）：152-153.

［208］赵云泰，葛倩倩."多规合一"视角下的国土空间规划——以榆林试点为例 [J]. 国土资源情报，2018（8）：22-29.

［209］甄峰．城市规划经济学 [M]. 南京：东南大学出版社，2011：201-252.

［210］郑国．公共政策的空间性与城市空间政策体系 [J]. 城市规划，2009，33（1）：18-21.

［211］郑新奇．明晰概念、引领实践——节约集约用地基本理论问题探讨之一 [J]. 中国国土资源经济，2014（3）：15-17.

［212］稚内市關於綜合計劃（說明、製定的過程）[EB/OL]. 2009. [2014-12-20]. http：//www. city. wakkanai. hokkaido. jp. t. dh. hp. transer. com/shisei/seisaku/sogokeikaku/4sogokeikaku/sakutei/.

［213］周建军．转型期中国城市规划管理职能研究 [D]. 上海：同济大学博士学位论文，2008.

［214］周剑云，戚冬瑾．我国城市用地分类的困境及改革建议 [J]. 城市规划，2008，32（3）：45-49.

［215］朱德宝．基于多规合一的县市域空间规划体系构建探索——以大理市"四规合一"为例 [J]. 现代城市研究，2016（9）：44-52.

［216］朱江，邓木林，潘安."三规合一"：探索空间规划的秩序和调控合力 [J]. 城市规划，2015，39（1）：41-47，97.

［217］朱江，邓木林，潘安."三规合一"：探索空间规划的秩序和调控合力 [J]. 城市规划，2015（1）：41-47.

［218］朱介鸣，赵民．试论市场经济下城市规划的作用 [J]. 城市规划，2004，28（3）：43-47.

［219］朱介鸣．市场经济下中国城市规划理论发展的逻辑 [J]. 城市规划学刊，2005（1）：10-15.

［220］朱勤军．公共行政学上海 [M]. 上海：上海教育出版社，2002.

［221］庄林德，张京祥．中国城市发展与建设史 [M]. 南京：东南大学出版社，2002：248.

［222］邹兵，钱征寒 . 近期建设规划与"十一五"规划协同编制设想 [J]. 城市规划，2005，29（11）：68-73.

［223］邹兵 . 增量规划向存量规划转型 [J]. 城市规划学刊，2015（5）：12-19.

［224］邹德慈 . 新中国城市规划发展史 [M]. 北京：中国建筑工业出版社，2014.